KB051239

일본 현지 アイス 아이스 크림 대백과

아이스맨 후쿠토메 지음
김정원 옮김

초

어서 오세요, '일본 현지

　현지 아이스크림의 가장 큰 매력은 현지에 뿌리내린 고유의 식문화를 통해 그 지역의 매력을 간접 체험할 수 있다는 점이다. 지방에서 오래전부터 영업을 이어온 아이스크림가게를 가보면 어릴 적 자주 보았던 쇼와시대의 풍경을 다시금 볼 수 있다. 젓가락을 비스듬히 꽂아 만든 수제 막대아이스크림은 그대로 봉지에 담아 건네주며 가져가려면 신문지로 포장해준다. 한편 포장마차 아이스크림은 신출귀몰하다. 도로변이나 휴게소, 공원 등에서 알록달록한 비치 파라솔을 세워놓고 파는 가게도 있고, 예나 지금이나 변함없이 매일 마음 내키는 대로 딸랑딸랑 종을 울리면서 리어카에 싣고 다니며 파는 가게도 있다.

　하지만 세상이 편리하고 쾌적해지는 반면, 전통 있는 아이스크림을 둘러싼 환경은 해마다 어려워지고 있는 것도 사실이다. 최근에는 법규 등으로 제조방법이나 판매방식에 대한 비판도 거세지고, 지역 고유의 전통 식문화와 쇼와시대의 그리운 모습도 조금씩 사라져가고 있다. "이 가게는 몇 년이 지나도 남아 있을까, 다시는 만날 수 없을지도 모른다"는 생각을 하면서 전국 각지의 아이스크림을 먹으러 다닌다.

　여행마다 방문할 가게를 결정하는 기준은 매번 다르지만 기본적으로 관광객보다 현지인들이 좋아하는 아이스크림을 고른다. 즉 그 지역 사람들이 평

아이스크림'의 세계로!

소 자연과 호흡하듯 먹는 '소울 아이스크림'을 찾아가는 경우가 많다. 관광객이 먼저 찾아갈 수 없는 식당, 매장, 커피숍 등 다양하다. 그곳에서 마치 현지인 같은 표정으로 '소울의 맛'을 즐긴다. 그렇게 함으로써, 이방인이면서도 조금이나마 현지인의 마음을 이해한 것 같은 기분이 드는 것이다. 그뿐만이 아니다. 이방인이기 때문에 현지인에게는 너무 당연해서 눈치 채지 못하는 매력을 발견하는 즐거움도 있다. 전국에 매력적인 아이스크림가게가 많이 있지만, 그 정보는 아직 다 소개하지 못했다. 앞으로도 틈틈이 시간을 내어 일본 전국의 현지 아이스크림을 먹으러 다니고 싶다.

이 책에서는 마을의 아이스크림가게를 비롯해 식당, 매점, 커피숍 등의 아이스크림, 그 지역의 슈퍼나 편의점에서 살 수 있는 현지 업체의 스테디셀러 아이스크림 등 다양한 종류의 아이스크림을 소개하고 있다. 각 지역을 직접 발로 뛰어다니며 체험한 것을 바탕으로 정보를 정리했기 때문에 내용이 여러모로 편향적일 수 있다. 하지만 아이스크림을 좋아하고 탐구하는 것을 좋아하는 사람이라면 분명 즐길 수 있을 것이다. 모두 개성이 뚜렷하고 왠지 추억이 묻어나는 현지 아이스크림의 깊은 매력을 접할 수 있기를 바란다.

어서 오세요, '일본 현지 아이스크림'의 세계로!

지은이 아이스맨 후쿠토메アイスマン福留

아이스크림 평론가. 연간 1,000종 이상의 아이스크림을 먹어보고, 모든 포장지를 수집하고 있다. 정보 사이트 '편의점 아이스크림 마니아www.conveniice.com' 운영 외에도 업계 전문지 칼럼 집필, 상품 감수 등 아이스크림과 관련해 폭넓게 활동하고 있다. 저서로는《추억의 일본 아이스크림 대백과日本懐かしアイス大全》《일본 아이스크림 크로니클日本アイスクロニクル》이 있다.

인스타그램 @iceman_ax   페이스북 @IcecreamManiaJapan   X.com @iceman_ax

옮긴이 김정원

일본 실용서 위주로 번역을 하고 있다.

일본 현지 아이스크림 대백과

1판 1쇄 펴냄 2023년 11월 20일
1판 2쇄 펴냄 2023년 11월 27일

지은이   아이스맨 후쿠토메
옮긴이   김정원

펴낸이 김경태 | **편집** 홍경화 남슬기 한홍비
디자인 육일구디자인 / 박정영 김재현 | **마케팅** 유진선 강주영 | **경영관리** 곽라흔
펴낸곳 (주)출판사 클
출판등록 2012년 1월 5일 제311-2012-02호
주소 03385 서울시 은평구 연서로26길 25-6
전화 070-4176-4680 | **팩스** 02-354-4680 | **이메일** bookkl@bookkl.com

ISBN 979-11-92512-62-4 13590

출판사 클의 책을
만나보세요.

1부
지역에 뿌리를 둔 오리지널 아이스크림

2부
방방곡곡 아이스크림 순례

동일본 72

오사나이냉과점 | 스위트하우스 와카바 | 마루칸빌 대식당 | 아이스크림 파라 미소노 | 소마 아이스크림가게 | 미치노에키 후타쓰이 | 마쓰시마야 | 커피구루메 | 타니신 | 이즈카제과 | 가와니시야 | 노무라야 | 마쓰바야 | 고에이도 | 스토냉과 | 다카다아이스 | 하치쿄 | 동일본 아이스크림 순례 앨범

서일본 98

북극 | 고토부키카이칸 | 다이자 아이스캔디 | 모치야 오니시 | 구로오카 아이스크림 | 모리와카호코쿠도 | 야오키 | 세후리고카야마 아이스캔디 | 미치노에키 아이노쓰치야마 | 마키도 관광 드라이브인 | 원조아이스도그 | 오코노미야키 마쓰다 | 스즈키상점 | 나카쓰야 | 샤리타 | 폴라베어 | 구주코엔카보 이즈미야 | 아이스쿠린 카페 아크 | 서일본 아이스크림 순례 앨범

이 책을 읽기 전에 알아두어야 할 단어들

아이스アイス 일본에서는 아이스크림류와 빙과를 합쳐 '아이스'라고 부른다. 아이스크림류 중에서 유고형분이 15% 이상인 제품만 아이스크림이라고 하고 유고형분 10% 이상은 아이스밀크, 3% 이상은 락토아이스라고 한다. 빙과는 셔벗이나 빙수처럼 주로 과즙을 이용한 것을 가리킨다. 이 책에서는 일반적인 아이스크림과 셔벗, 빙수 모두 아이스크림이라고 통칭했다.

아이스캔디アイスキャンディー 막대아이스크림을 가리킨다. 일본어 발음은 '아이스칸디'인데 '아이스칸데アイスキャンデー'라고 쓰기도 한다. '아이스바アイスバー'로도 부른다.

소프트크림ソフトクリーム 소프트아이스크림을 말하며, 일본어 발음은 '소후토쿠리무'이다. 줄여서 '소프트(소후토)'라고도 한다.

가키고리かき氷 얼음을 곱게 갈아 그 위에 시럽을 뿌리거나 팥과 연유를 넣어 먹는 음식으로, 이 책에서는 '빙수'라고 옮겼다.

깃사텐喫茶店과 파라パーラー 커피를 위주로 한 음료와 샌드위치, 오므라이스, 아침 또는 점심 세트 등 가벼운 식사를 제공한다. 나폴리탄 스파게티와 파르페(파훼パフェ) 하면 떠오르는 곳이다. 20세기에 일본에서 유행했던 '다방' 또는 '커피전문점'이어서 레트로한 풍취가 느껴진다. 줄여서 '깃사'라고도 한다. 깃사텐과 비슷하지만 좀 더 식사 메뉴에 치중한 곳을 팔러parlor, 일본어로 '파라'라고 한다.

미치노에키道の駅 공공도로변, 주로 국도변에 위치한 휴게소를 말한다. 상업시설이 들어서 있다.

쇼와시대昭和時代와 다이쇼시대大正時代 '쇼와'란 일본의 최장기 연호로서 쇼와시대는 히로히토가 천황으로 재임하던 기간인 1926년 12월 25일부터 1989년 1월 7일까지를 가리킨다. 쇼와시대 직전이 다이쇼시대로서 1912년 7월 30일부터 1926년 12월 25일까지이다.

현지에서는 단골메뉴!

1부

지역에 뿌리를 둔 오리지널 아이스크림

지금은 전국적인 인기를 끌고 있는 가고시마 출신 '시로쿠마', 미에의 여름을 대표하는 '아이스만주', 오사카에 전문점이 많은 '아이스모나카' 등 누구나 이름을 알고 있는 아이스크림도 지역에 따라 맛과 모양이 다른 경우도 있다. 반대로 아오모리의 '점보아이스', 오키나와의 '아이스젠자이' 등 현지에서는 유명하지만 전국적으로 알려지지 않은 아이스크림도 있다. 지역에 뿌리를 둔 오리지널 아이스크림 총집합!

한 번쯤은 본고장에서 먹고 싶다!
발상지 가고시마의 얼음 백곰

70년 이상의 역사를 가진 무자키의 시로쿠마

이제는 전국적으로도 유명하다!
현지 아이스크림계의 슈퍼 아이돌

시로쿠마
しろくま

덴몬칸무자키 天文館むじゃき | 가고시마

탄생은 1947년. 전쟁 후 얼마 지나지 않은 시기, 창업자 구보 다케 씨가 고안해 1949년부터 판매를 시작했다. 맛은 물론 토핑에 색을 입히는 등 개선을 거듭해 현재의 시로쿠마의 베이스가 완성되었다.

시로쿠마白熊

비법인 담백한 수제 연유와 꿀이 골고루 들어간 시로쿠마 레시피는 이 회사의 몇 사람들만 알고 있다.

직접 만들어 구운 푸딩을 토핑으로 얹었다. 덴몬칸을 방문할 때마다 어떤 시로쿠마를 선택할지 고민하지만, 결국에는 항상 '푸딩 시로쿠마'를 주문하게 된다.

빙수에 연유를 붓고 귤, 파인애플 등의 과일과 팥을 토핑한 시로쿠마. 그 탄생의 역사는 쇼와시대 초기로 거슬러 올라간다. 이름의 유래는 여러 설이 있는데, '위에서 본 비주얼이 북극곰의 얼굴을 닮았다'는 설과 '가고시마 시내에 있던 솜 파는 가게가 여름에 부업으로 빙수를 판매했는데, 연유 캔에 있던 흰곰 마크의 라벨을 보고 이름을 붙였다'는 설이 있다. 현재는 발상지인 가고시마를 넘어 규슈의 명물로 전국적인 인기를 누리고 있다. 가고시마 시내의 카페에서는 단골메뉴인 시로쿠마 외에도 망고맛의 '기구마(황곰)黃熊', 커피와 흑당을 사용한 '구로쿠마(흑곰)黒熊' 등 다양한 색깔의 곰이 등장해 관광객들을 즐겁게 해주고 있다.

선명한 녹색의 안젤리카
와 시로쿠마 표정의 핵
심인 건포도.

코 부분에 해당하는 체리.
시로쿠마에서 빼놓을 수
없는 아이템이다.

겉보기에는 단순하지만 안에는 흰콩과 과
일 등 10가지 재료가 가득 들어 있다!

탄생 당시의 '백곰'!
걸보기에는 단순하지만...

덴몬칸무자키 본점에서는 매년 6월에 열리는 '시로쿠마 탄생
축제'에서 초기 시로쿠마를 재현한 '추억의 시로쿠마'를 기간
한정으로 판매한다.

빙수 시로쿠마를 고안한
시로쿠마의 아버지, 구보 다케 씨.

(아래) 초기의 홍보용 차량. 자동차의 광고판에 적힌 대
로 시로쿠마는 '빙과의 요코즈나(스모에서 천하장사와 같은 자
리)'가 되었다!

쇼와 30년대(1955~1964년) 덴몬칸무자키의 점포와 매장 내
부 모습. 지금도 그 흔적이 남아 있다.

덴몬칸무자키의 시로쿠마가 탄생한 지 70여 년이 지난 지금은 이렇게 종류가 다양해졌다! 가게에서 제공하는 시로쿠마(와 빙수) 인기 베스트 5, 영광의 1위는 역시 스테디셀러인 시로쿠마.

선택이 고민되네!!
시로쿠마의 친구들

인기 No.4

인기 No.2

스페셜 시로쿠마

초콜릿 시로쿠마

딸기 시로쿠마

요구르트 시로쿠마

말차 시로쿠마

커피 시로쿠마

인기 No.3

인기 No.5

우유팥빙수
(미루쿠킨토키)ミルク金時

말차팥빙수
(우지킨토키)宇治金時

남해의 구로쿠마
(난카이노쿠로쿠마)南海の黒熊

가고시마의 활화산 지역 사쿠라지마를 형상화한 흑미 베이스의 '구로쿠마'도!

시로쿠마가 포진한 인기 순위에 팥빙수도 당당히 이름을 올렸다! 흰콩과 팥의 맛을 심플하게 즐기고 싶은 사람도 의외로 많은 듯.

테이크아웃도 다양하게
선택할 수 있다!

테이크아웃용 시로쿠마도 있다. 레귤러 사이즈는 어떻게 담았을까 싶을 정도로 양이 많다!

입체형 비주얼이 귀엽다!
'시로쿠마의 진화형' 등장

파티스리 야나기무라 パティスリーヤナギムラ

가고시마시 다케오카에 본점을 두고 있는 파티스리 야나기무라. 가고시마 명물인 시로쿠마를 모티브로 파티스리 특유의 감각을 더해 탄생한 것이 바로 입체형 '프로즌 시로쿠마'이다.

야나기무라의 프로즌 시로쿠마
フローズンしろくま

위에는 귀여운 곰의 얼굴. 안에는 귤, 복숭아, 파인애플, 포도 등 6종류의 과일이 듬뿍!

가게 안 쇼케이스에는 가고시마산 재료를 사용한 30종류 이상의 케이크가 진열되어 있다.

가고시마에 새로운 명물 등장!?
백곰이 아닌 '황곰'!

가노조노이에 (그녀의 집)彼女の家

기구마 (황곰)黃熊

가고시마 명물 시로쿠마를 재해석해 탄생한 망고맛의 기구마(황곰). 부드러운 빙수에 오리지널 망고 소스, 네모난 망고 과육과 바나나, 바닐라 아이스크림, 연유를 조합한 일품!

2008년 6월부터 판매하는 기구마는 높이가 약 25센티미터의 거대한 크기로 먹음직스럽다. 남국의 과일인 망고가 매력적이다.

이제 인기도 전국적으로!
남국에서 태어난 '남국시로쿠마'

남국시로쿠마
(난고쿠시로쿠마)南国白くま

1969년경부터 출시. 시로쿠마 발상지인 가고시마의 업체답게 컵 타입 외에도 모나카 타입, 바 타입, 소프트아이스크림 타입, 박스형 멀티 타입 등 다양한 종류가 있다.

연유 빙수를 베이스로 귤, 팥, 파인애플, 연유를 토핑!
2021년 리뉴얼을 통해 연유가 추가되어 더욱 진하고 맛있게 바뀌었다.

남국시로쿠마 바

1 9 7 0 년 대 중 반 부 터 컵 에 곰 이 등 장 !

세이카식품
남국시로쿠마의
역사

1969년경

1970 ~ 73년

1986년

1975년 전후

1983년

1999년

2010년

출시 후 반세기 이상 사랑받고 있는 롱셀러. 지역에 뿌리내린 인기상품인 '남국시로쿠마'를 혼슈의 편의점이나 슈퍼에서도 판매한다. 가고시마산 시로쿠마가 전국에 알려졌다.

남국시로쿠마 시리즈의
다양하고 풍부한 라인업!

지금까지 시리즈로 컵, 소프트, 플로트(아이스크림을 띄운 음료) 등 다양한 맛과 모양의 남국시로쿠마가 등장했다. 후쿠오카산 딸기로 만든 소스를 사용한 남국시로쿠마 모나카는 연유와 과일의 적당한 신맛을 느낄 수 있다.

남국시로쿠마 모나카

남국시로쿠마 연유 소프트

말차   딸기   귤 & 파인애플

남국시로쿠마 럭셔리 리치
南国白くま贅沢リッチ

**남국시로쿠마
밀크세이크 플로트**

시로쿠마
전용 코너 발견!

가고시마현 슈퍼의 아이스크림 코너는 이런 모습! 세이카식품의 남국시로쿠마를 비롯해 각 회사의 라인업이 즐비하다.

냉동실의 기본메뉴!
멀티팩도 큰 인기!

조금만 먹고 싶을 때 추천. 컵과 막대 아이스크림이 여러 개 들어 있는 멀티 타입. 냉장고 냉동실에 넣어두면 온 가족이 함께 즐길 수 있다.

규슈의 명물인 시로쿠마를 전국적인 브랜드로!

시로쿠마白熊

출시 초기에는 딱딱한 식감의 빙수였지만, 현재는 사각사각한 식감으로 숟가락이 잘 들어가게 되어 있다. 베이스인 연유 얼음에 과일, 팥 등 재료의 밸런스가 절묘하다! 친근한 맛.

후쿠오카현 구루메시에 본사를 둔 마루나가제과는 시로쿠마를 시판용 아이스크림으로 규슈뿐만 아니라 수도권과 간사이 등에서도 판매하고 있다. 이로써 마루나가제과의 시로쿠마도 전국적인 브랜드가 되었다.

시로쿠마白くま 바

옆면이 물결 모양이었다

예전 빙수컵은

1986년

1986년

드디어 시로쿠마도 한 손으로 간편하게 먹을 수 있는 시대!
(위) 1986년 '시로쿠마 바' 출시 당시 포장.

'무스'로 유명한 세리아 로일도 시로쿠마를 생산하고 있다!

시로쿠마白くま

녹지 않는 신기한 아이스크림 '무스'로 유명한 세리아 로일의 시로쿠마는 옛날 그대로의 심플한 타입이다. 연유 빙수 안에는 파인애플, 귤, 아마낫토(콩을 삶아서 설탕에 조린 화과자) 등 3가지 재료가 들어 있다.

전 사탕가게 주인이 만드는 얼음을 고집하는 구마모토식 '숙성얼음 시로쿠마'

사탕가게를 하던 선대가 여름나기 대책으로 시작한 것이 빙과류 판매다. 고집스럽게 '손수 만든 얼음'으로 만든 '숙성얼음 시로쿠마'는 사각사각하고 독특한 식감이다. 그 맛은 그야말로 유일무이하다.

숙성얼음(주쿠효) 시로쿠마熟氷白くま

구마모토의 맛있는 지하수에 물엿과 소량의 소금을 섞어 만든 수제 얼음. 이렇게 간 얼음을 하룻밤 이상 숙성시키면 이 가게의 자랑인 '숙성얼음' 완성!

인기 있는 '수제 아이스 캔디'. 구마모토의 맛있는 물, 구마모토산 우유 원료, 물엿 등을 사용한 일품.

창업 100년, 미후네마치 기쿠라에서 사탕가게로 창업. 현 점주의 할아버지 대에 현재 매장이 있는 하루타케마치에 지점으로 개업했다.

이토만 명물인 시로쿠마는 빅 사이즈의 '젠자이 시로쿠마'

시로쿠마白熊

오키나와현 이토만시에 있는 '이나미네 찬요리 전문점'의 시로쿠마. 부드럽게 익힌 강낭콩이 자랑인 고리젠자이(젠자이는 팥이나 콩을 달게 조려 만든 음식)에 우유를 듬뿍 붓고 과일을 토핑한 오키나와식 시로쿠마이다.

오키나와에서는 빙수나 아이스크림을 '히야시모노(냉물)冷物'라고 부른다. 입구 부근에 있는 케이스에는 요리 샘플이 놓여 있다. 여러 메뉴 중 가장 인기 있는 것은 얼굴이 귀여운 시로쿠마.

1950년부터 변함없는 제조법!
다양한 종류도 인기

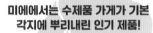

미에에서는 수제품 가게가 기본
각지에 뿌리내린 인기 제품!

아이스만주
アイスまんじゅう

스에히로 寿恵広 미에

1950년부터 아이스만주를 판매하
고 있는 구와나의 아이스만주 3대
명가 중 가장 유명한 가게. 원조는
아니지만, 아이스만주를 구와나 명
물로 세상에 알린 가게임에는 틀림
없다.

'화과자점 스에히로'라고 적힌 간판이 눈에 띈다. 전통 화과자
점답게 옛 정취가 느껴지는 고풍스러운 모습이 인상적이다.

아이스만주アイス饅頭

촉촉한 팥소를 차가운 아이스크림으로 감싼 아이스만주. 지금은 전국적인 브랜드가
된 '스타 상품' 외에도 미에현 구와나, 스즈카 등에서 오랫동안 여름의 대표음식으로
사랑받고 있는 '현지 아이스만주'도 존재한다. 구와나의 아이스만주는 공기가 거의 들
어 있지 않은 딱딱한 얼음과자 타입으로 전국적으로도 드물다. 베어물고 서걱서걱 씹
어먹는 아즈키바(팥맛 막대아이스크림)와 같은 방식으로 먹는다. 현지에서는 수십 개를 대
량구매해서 비축해두는 사람도 있다. 다른 지역의 아이스만주는 비교적 부드럽고 크
리미한 타입이 대부분이다. 같은 아이스만주라도 그 느낌은 상당히 다르다.

단바 다이나곤 아이스만주

딸기 아이스만주

아이스만주 말차

아이스만주 흑당

깃발은 빨강, 파랑, 하양!
빙과의 상징인
삼색 깃발

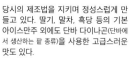

아
이
스
만
주

스에히로

당시의 제조법을 지키며 정성스럽게 만들고 있다. 딸기, 말차, 흑당 등의 기본 아이스만주 외에도 단바 다이나곤(단바에서 생산하는 팥 종류)을 사용한 고급스러운 맛도 있다.

개성 넘치는 이름에 호기심이 생긴다!
심플하고 맛있는 막대아이스크림

'아이스 도리안アイスドリアン'은 우유를 베이스로 한 막대아이스크림(총 6종)이다. 매장에서만 살 수 있는 레어 아이템이다. '도리안'이라고 해서 (호불호가 갈리는) 과일 두리안맛은 아니니 안심하자.

외형도 재료도 심플!
소박하지만 중독성 있는 맛!

부부 두 사람이 가게를 운영하고 있으며, 도매나 통신판매를 하지 않기 때문에 현지 구와나에서만 먹을 수 있다. 가게에 들어서면 왼편이 작업장이어서 시간을 잘 맞추면 아이스크림을 만드는 모습을 볼 수 있다.

만주라고 해도 딱딱해서 서걱서걱 씹어먹는다. 경쾌한 레트로 분위기가 물씬 풍기는 세련된 포장지는 도쿄에 있는 조카가 디자인해준 것이라고 한다.

아이스만주
은은한 연유의 단맛과 정성스럽게 조리한 팥의 맛이 아주 잘 어울린다.

아이스크림 냉장고에 가득 찬 아이스만주!

신에이도는 아이스크림 전문점이기 때문에 5월 중순부터 9월 말(추분 전후)까지 여름 한정으로 영업한다.

신에이도

맛있는 아이스만주가 만들어질 때까지

1 아이스크림을 차게 해 굳히기 위한 틀. 모양은 아이스만주의 기본인 매실 모양이다.

5 냉동실은 영하 31℃. 스틱을 세워서 꽂고 15~20분 정도 얼려서 굳힌다.

2 아이스만주의 중심이 되는 팥소와 손잡이 막대를 준비한다.

6 얼린 아이스만주를 수돗물에 담가 틀에서 꺼내어 바구니에 옮겨 담는다.

3 국자를 이용해 연유 맛 믹스를 틀에 붓고 냉동실에 넣는다. 완성된 제품이 기다려진다.

7 아이스만주를 만드는 것은 아내가, 포장 작업은 남편이 담당하고 있다.

4 믹스에 직접 만든 팥소를 하나하나 정성스럽게 국자로 붓는다.

8 완성된 아이스만주를 한 개씩 포장용 봉투에 넣으면 완성!

21

마치 만화에 나오는 유령 같다!?
독특한 산 모양이 인상적!

니시쿠와나의 이시토리 회관(이시토리 축제 기념관) 맞은편에 있는 마루만. 아이스만주의 제조법은 팥소 반죽을 비롯한 옛날 방식 그대로의 수작업을 고집하고 있다. 통신판매를 하지 않기 때문에 현지에 방문하지 않으면 먹을 수 없는 희귀한 일품이다.

옛 방식 그대로의 수작업으로 만들어낸 고급스러운 맛

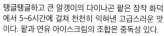

아이스만주

탱글탱글하고 큰 알갱이의 다이나곤 팥은 장작 화덕에서 5~6시간에 걸쳐 천천히 익혀낸 고급스러운 맛이다. 팥과 연유 아이스크림의 조합은 중독성 있다.

이곳 마루만도 구와나의 3대 명물 중 하나다. 아이스만주 외에도 '프루츠' '커피' '팥우유' '우유' 등 다양한 종류의 막대아이스크림을 판매하고 있다. 각 140엔이라는 저렴한 가격도 매력적이다.

프루츠

구와나에만 있는 것이 아니다!
'스즈카의 아이스만주'는 여기!

'미에의 아이스만주'라고 하면 구와나시를 떠올리기 쉽지만, 사실 그 외에도 유명한 가게가 있다. 스즈카시의 전통 화과자점 나카노제병점이다. 이 가게에서 1955년부터 판매하고 있는 아이스만주는 '맛있고, 영양가 있고, 풍부한' 방금 만든 맛을 자랑한다.

아이스만주

엄선된 수제 팥소는 홋카이도산 고호쿠 팥을 사용하며, 인공감미료를 사용하지 않고 설탕, 소금, 물엿으로만 조리한다. 자연스러운 단맛과 재료 본연의 맛을 즐길 수 있다.

아이스만주는 총 7가지 맛!

(위) 1936년, 현내 최초로 막대아이스크림을 제조하고 판매하는 풍경.

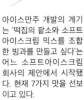

아이스만주 개발의 계기는 '떡집의 팥소와 소프트아이스크림 믹스를 조합한 빙과를 만들고 싶다'는 어느 소프트아이스크림 회사의 제안에서 시작됐다. 현재 7가지 맛을 선보이고 있다.

마치 차가운 화과자 같네!
일본에서 가장 유명한 아이스만주

마루나가제과 丸永製菓 | 후쿠오카

1962년 발매된 롱셀러 아이스만주. 연유를 사용한 진하고 크리미한 바닐라 아이스크림과, 엄선된 홋카이도산 팥을 사용한 부드러운 팥소. 이 조합은 말할 것도 없이 맛있다.

아이스만주

1984년

1987년

제조 판매를 담당하는 것은 구루메에 본사를 둔 마루나가제과. 이 회사의 시작은 화과자점이었다. 팥을 사용한 일본식 아이스크림은 이 회사의 대표 상품이다.

변함없는 제조법!
엄선된 수제 아이스만주

시로후지 シロフジ | 군마

기류에서 인기 있는 시로후지제빵소의 아이스만주. 특제 고소한 팥소를 손으로 빚어서 넣는 제조법은 전후 창업 당시부터 변함없이 이어져오고 있다. 깔끔한 밀크 아이스크림과 팥의 궁합은 일품!

도토리 모양과 레트로풍의 포장 디자인은 출시 당시 그대로다. 딱딱한 식감으로 기류 지방 특유의 토종 아이스크림 같은 느낌이다.

아이스만주

미나미소마에서 독자적으로 개발한 개성 있는 아이스만주!

아이스만주

전통 있는 우유공장인 마쓰나가우유에서는 1950년대 초부터 아이스만주를 제조했다. 처음에는 지금과 같은 매실 모양이 아닌 원형이었다고 한다. 팥소를 감싸는 후쿠시마산 생우유를 사용한 밀크 아이스크림은 진하고 덜 달다.

서쪽의 아이스만주에는 주로 팥 형태가 남아 있는 팥소를 사용하는 반면, 이 아이스만주는 도호쿠 지방의 '곱게 으깬 팥소 문화'를 계승했다. 갈라파고스처럼 발전한 소울푸드이기도 하다.

공장에 걸린 표어는 우유공장만의 표어!

[술] 마셨으면 운전 말고
[술] 마신다면 우유를

표어 스티커와 〈아이스만주의 노래〉 CD 등도 판매한다. 옛날에 보았던 노란 나무 우유상자. 전화번호에 하라마치 시외전화 국번을 표기한 것도 정겹다.

젖소 그림과 회사 이름이 새겨진 저장 탱크. 후쿠시마현도로 263번을 따라 공장 입구 부근에 있는 커다란 탱크가 마쓰나가우유를 알리는 표지판이다.

창업한 지 100년이 넘은 깃사텐의 대표메뉴는 새하얀 아이스모나카!

바삭하고 가벼운 식감이 특징
상큼한 아이스크림을 바로 샌드!

아이스모나카
アイスモナカ

아이스모나카

하얗고 향긋한 모나카 과자는 100% 찹쌀로 만들어졌다. 안에는 단맛이 적은 아이스크림이 꽉 차 있다. 바삭바삭한 식감이 매력!

제로쿠 혼마치점 ゼ一六 本町店 **오사카**

1913년에 화과자점으로 창업한 제로쿠는 오사카 시내에 세 곳의 자매점이 있다. 창업지인 혼마치점의 대표메뉴는 직접 로스팅한 커피와 아이스모나카다.

(위) 제조법과 맛은 그때나 지금이나 변함없다. (왼쪽) 1927년 선대 사장이 지어 그대로 물려받은 매장은 레트로풍의 정취가 물씬 풍긴다.

단맛과 지방 함량을 줄인 담백한 맛의 수제 아이스크림을 찹쌀로 만든 얇은 모나카 과자에 끼워넣은 옛날 그대로의 아이스모나카. 전국 각지에 판매점이 있지만, 그중에서도 경쟁이 치열한 오사카 지역에는 제로쿠, 가도야와 같은 전통 있고 인기 많은 가게가 즐비하다. 주문을 받으면 보냉기에서 아이스크림을 떠서 재빨리 모나카에 끼워준다. 편의점이나 슈퍼에 진열된 아이스모나카와 달리 즉석에서 만들기 때문에 과자가 바삭바삭하고 가벼운 식감이다. 또한 유화제나 증점제를 사용하지 않아 입에 넣는 순간 사르르 녹아내려 뒷맛이 깔끔하다. 한번 먹으면 여러 개를 먹고 싶어지는 맛이다.

70여 년 동안 지역 주민들에게
사랑받으며 옛맛을 지켜온 가게

제로쿠 히가시오사카점 ゼー六 東大阪店 **오사카**

1950년 창업한 제로쿠 히가시오사카점에서는 1958년부터 아이스모나카를 판매했다. 제조법이나 맛, 모양을 바꾸지 않고 판매 초기의 맛을 그대로 지키고 있다. 물방울 모양의 개성적인 모나카는 제로쿠 점포 세 곳의 공통된 형태다.

(오른쪽) 혼마치점과 마찬가지로 'COFFEE·ICECREAM 제로쿠'라고 적힌 띠 모양의 노렌이 눈에 띈다. 예전에는 깃사텐 영업도 했다고 하는데, 현재는 포장판매만 한다고 한다.

바닐라, 생딸기,
갈색 커피는 기본!

스트로베리 모나카

아이스모나카

커피 모나카

(위) 필자가 방문했을 당시 제로쿠 아이스크림의 '스트로베리 모나카'와 '커피 모나카' 메뉴도 있었다. (오른쪽) 매장 외관과 방문 당시 메뉴판.

옛날 것 같으면서도 새롭다!
가도야의 새로운 대표메뉴! 소프트모나카

오사카 센바야시 상점가에 있는 가이텐야키(한국의 풀빵이나 오방떡처럼 밀가루 반죽 사이에 팥소를 넣고 구운 둥근 빵의 오사카식 이름)와 빙수로 유명한 인기 디저트 전문점 가도야. 이 가게의 숨은 보석이 소프트모나카이다. 바삭하고 고소한 모나카 과자와 진한 소프트아이스크림의 궁합이 일품!

소프트모나카 ソフトモナカ

'아이스쿠린 모나카' 문화가 뿌리내린 오사카에서는 보기 드문 타입. 모나카 과자를 꼭 눌러서 먹는 것이 요령이다.

현지인들이 줄을 잇는다! 가게 안에서는 대표 메뉴인 빙수를 비롯해 소프트아이스크림, 미쓰마메(젤리 위에 콩과 과일을 얹어먹는 디저트) 등 다양한 단맛을 즐길 수 있다.

아이스모나카의 모나카 과자는
한 장 한 장 정성스레 손으로 구운 것

JR 히가시요도가와역 옆에 있는 깃사텐 요도가와카도야에서는 1950년대 후반 개업 초기부터 아이스모나카를 판매했다. 가장 인기 있는 크림커피 외에도 소프트아이스크림과 겨울철에는 가이텐야키도 판매한다.

아이스모나카

수제 아이스크림을 사용한 아이스모나카. 소프트아이스크림도 테이크아웃 메뉴로 인기다.

옛날 식당 같은 가게는 작은 상점가 풍경에 녹아들어 있다. 매장에 진열된 식품 샘플도 나름의 멋이 있다!

은색 접시가 특별함을 연출!
가장 인기 있는 아이스모나카!!

게이한세키메역에서 도보 3분 거리 상점가 한 편에 위치한 세키메냉과는 1955년경 창업 당시부터 지금까지 제공하고 있는 아이스모나카가 가장 인기 있는 스테디셀러 메뉴이다. 매장에서 주문하면 스테인리스스틸 소재의 다리가 달린 접시에 담겨 나온다!

아이스모나카

100% 찹쌀로 만든 모나카 과자는 고소하고 바삭바삭하다! 50여 년 전부터 아이스크림의 단맛을 약간 줄인 것 외에는 창업 이래로 제조법은 변함이 없다.

자랑인 소프트아이스크림에
흑당, 콩가루, 찹쌀떡을 토핑으로!

(위) '흑당, 콩가루, 찹쌀떡, 선데이 아이스크림'. 소프트아이스크림, 빙수, 선데이 아이스크림 등 디저트 메뉴가 다양하다. 이카야키(오사카에서는 오징어 부침개처럼 생겼다), 야키소바 등 일반적인 메뉴도 있다.

고풍스러운 외관에 쇼와시대 분위기가 물씬 풍기는 가게 내부. 필자가 어렸을 때만 해도 이런 가게가 동네에 많았지만, 지금은 드물다.

현지인들에게 사랑받고 있는
도모에야의 명품 아이스모나카!

1953년 창업한 도모에야는 히로시마현 구레시에서 아이스모나카를 제조 판매하는 인기 가게다. 직영점(가타야마점) 외에도 시내의 슈퍼마켓과 휴게소 등에서도 판매하고 있다. 지역 주민들에게는 '아이스모나카의 도모에야'라는 애칭으로 사랑받고 있다.

아이스모나카アイスもなか

본업이 쌀가게인 만큼 모나카 과자에 엄선된 찹쌀을 100% 사용한다. 현미부터 정미, 제분, 치대기, 굽기까지 전 과정을 모두 자체적으로 진행한다.

50엔 추가하면 팥 토핑을 듬뿍!

아이스크림은 현지인에게 맞는 맛을 내기 위해 시제품을 거듭하여 완성한 고집스러운 맛이다. 바삭바삭하고 고소한 모나카 과자와의 궁합도 훌륭하다!

찹쌀 100%!!
수작업으로 마무리

모나카의 원료는 현미찹쌀을 정선한 것을 사용한다. 찹쌀가루를 쪄서 공이로 찧으면 단단하고 향기로운 모나카의 원료가 만들어진다.

巴屋
アイス もなか おはぎ

도모에야 명품인 아이스모나카의 판매는 1955년부터 시작되었다. 아이스모나카 외에도 도리메시(일종의 닭고기덮밥), 레토르트 식품 등도 취급하고 있다.

오노미치 명물 아이스모나카를
최고의 위치에서 맛볼 수 있다

가라사와 からさわ

히로시마현 오노미치시에 있는 아이스크림 전문점. 1939년에 깃사텐을 개업하고, 1950년 무렵부터 아이스크림을 판매하기 시작했다. 과자가 바삭바삭한 아이스모나카가 가장 유명하지만, 세라산 달걀이 듬뿍 들어간 다마고아이스たまごあいす도 인기다.

아이스모나카

가라사와의 매력은 아이스크림맛뿐만이 아니다. 바닷가 방파제에 있는 '가라사와 벤치'에 앉아 오노미치 수도(물길)를 바라보며 아이스크림을 먹을 수 있다.

가라사와의 역사는 깃사텐에서 시작되었다.

콘 아이스 더블

더블, 트리플은 와플콘으로!

현지에서 사랑받은 지 80여 년. 출시 초기부터 변함없는 맛을 찾아 집안 2대, 3대째 대대로 찾아오는 단골손님도 적지 않다.

바삭바삭한 모나카 과자에
자랑인 통팥소와 아이스크림을 샌드!

나고야의 노포 화과자점 후큐엔에서는 약 10년 전부터 자랑거리인 모나카 과자 사이에 통팥소와 아이스크림을 즉석에서 샌드하는 아이스크림모나카를 판매하고 있다. 상상을 초월하는 맛이다!

아이스크림모나카アイスクリーム最中

주문 즉시 만들기 때문에 모나카가 바삭바삭하다! 통팥소, 아이스크림과의 궁합도 훌륭하다. 갓 만든 것보다 더 좋은 맛은 없다.

1927년 창업한, '후큐모나카'로 유명한 명가. 아이스크림을 샌드하는 모나카는 바삭함을 유지할 수 있도록 두껍게 구운 것을 사용한다.

과자가 주인공인 모나카아이스
갓 구운 고소한 과자가 일품!

1950년 창업한 다카노모나카야는 모나카 과자 전문점이다. 대표메뉴인 모나카아이스의 두툼한 모나카 과자는 갓 구워내어 고소하고 바삭바삭한 식감이 재미있다. 아이스크림과의 궁합도 훌륭하다!

모나카아이스もなかアイス

지역 미니농구 클럽 아이들과의 만남! 경기 후 아이스크림도 특별할 것 같다.

모나카아이스는 바닐라, 딸기, 말차 3가지 맛. 모나카 과자를 더 많이 먹게 하기 위해 2006년부터 판매를 시작했다.

도야마 노포다운 가게에서는
여름엔 빙수와 아이스모나카가 인기!

아이스모나카

도야마시 이즈미초에 있는 야마카와이모야 본점의 창업은 1926년. 여름에는 많은 사람들이 더위를 피해 가게를 찾는다. 이 가게의 대표메뉴인 빙수와 함께 인기 있는 메뉴가 바로 이 아이스모나카이다.

창업 이듬해부터 판매를 시작한 아이스모나카. 모나카 과자를 굽는 공장과는 전쟁 이전부터 인연을 맺어왔다고 한다.

역사는 오래됐지만, 가게 외관은 현대적이다. 영업 중에는 항상 문이 열려 있어 가게 안은 개방감이 느껴진다.

상큼한 단맛의 수제 아이스크림
아이스모나카 한 손에 들고 상가를 구경 다니기!

아이스모나카

도야마시 이치반초에 있는 아이스크림가게 히라노야는 1935년에 군고구마가게로 창업한 후 아이스크림을 제조 판매하기 시작했다. 인기상품인 아이스모나카는 1950년대 초반부터 판매했다.

바삭바삭한 모나카에 수제 아이스크림. 단맛이 적고 담백한 맛은 선대로부터 이어온 전통의 맛이다.

히라노야가 있는 센고쿠마치 거리 상가는 장인이 많아서 일명 '간코몬(고집쟁이) 거리'라고도 불린다.

봉지빙수
袋入り
氷
규슈의 여름 필수품!
모았습니다

홀란드푸드 (오란다후즈)オランダフーズ
나가 사키

인기 No.1

딸기맛

나가사키현의 외딴 섬인 이키노시마에 있는 홀란드푸드는 약 30년간 봉지빙수를 제조 판매해왔다. 이 분야에 특화된 전문업체인 만큼, 제품의 종류가 매우 다양하다.

인기 No.3 **인기 No.2**

소다맛 팥

가장 인기 있는 것은 딸기맛. 상큼한 소다맛과 레몬맛, 과일과 팥이 들어간 '효카도 시로쿠마', 그리고 나가사키에서만 맛볼 수 있는 밀크셰이크도 있다!

밀크셰이크 **효카도氷華堂 시로쿠마** **레몬맛**

원하는 토핑으로
맛과 재미를 무한대로!

봉지 모서리를 뜯어서 그대로 먹는 것이 기본이다. 접시에 담아 과일을 토핑하거나 우유나 연유 등을 추가하는 것도 추천.

홀란드푸드의

맛있는 봉지빙수가 만들어질 때까지

좀처럼 볼 수 없는 봉지빙수 제조공장 현장을 전격 공개! 제품이 완성되기까지의 과정을 알면 봉지빙수를 더 맛있게 먹을 수 있을지도!?

① 빙수의 원료가 되는 연유, 설탕 등을 섞어 얼음통에 붓는다.

② 얼음통 한 개씩 조심스럽게 채운다. 거대한 풀에 넣어 영하 40℃에서 얼린다.

③ 깔끔한 원통형으로 굳은 혼합물을 얼음통에서 꺼낸다. (이 상태로 씹어먹고 싶다!)

④ 얼린 얼음 기둥(맛과 색깔이 있는 얼음)을 부순다. 부순 후 맛과 색을 입히는 제조법도 있다.

⑤ 부순 얼음을 잘 섞어 봉지에 담는다. 이때 시로쿠마 등의 재료를 섞어 넣는다.

⑥ 자동으로 충전, 포장되어 완성된다. 이물질 혼입을 방지하기 위해 금속탐지기도 설치돼 있다.

⑦ 기본적으로 전자동이지만, 생산라인에 인력을 배치하고 두 곳에서 검사를 실시하고 있다.

⑧ 최종 세균검사를 거쳐 드디어 출하!

수작업으로 포장하던 시대

이전에는 얼린 혼합물을 부수고 포장하고 밀봉하는 것까지 모두 수작업으로 진행했지만, 2003년에 기계를 도입하면서 제빙, 삭빙, 충전, 포장까지 전자동으로 효율적으로 할 수 있게 되었다.

다케시타제과 竹下製菓 **사가**

나가타냉과 永田冷菓 **구마모토**

옛날식 삼각 부활한 100년 만에

가릿토추ガリっとチュー

일시적으로 생산이 중단되었다가 2019년에 부활했다. 개그 콤비 '가릿토추'의 후쿠시마 요시나리는 구마모토의 아마쿠사 출신이다. 콤비이름은 이 상품명에서 유래했다.

세이카식품 セイカ食品 **가고시마**

세리아 로일 セリア·ロイル **후쿠오카**

사가의 다케시타제과, 후쿠오카의 세리아 로일, 가고시마의 세이카식품 등 규슈의 중견 아이스크림 업체에서도 봉지빙수를 판매하고 있다.

규슈의 명물, 여름을 대표하는 봉지빙수. 일명 '후쿠로고리袋氷'의 시작은 1955년경으로 알려져 있다. 여름 축제의 포장마차나 노점에서 바로 갈아 파는 빙수를 비닐봉지에 담은 것으로, '간편하게 빙수를 먹을 수 있다'는 것이 콘셉트다. 뜨거운 햇볕 아래서 일하는 사람이나 동아리 활동 후 더위를 식히고 싶은 학생들에게 든든한 지원군이다. 지금도 규슈의 편의점, 슈퍼, 휴게소 등에서 다양한 종류의 봉지빙수를 볼수 있지만, 전성기 시절의 여름에는 쇼케이스의 절반 정도가 봉지빙수로 가득 찼던적도 있었다고 한다. 먹는 방법은 단순하고도 투박하게 봉지 모서리를 뜯어서 그대로 먹는 것이다. 플라스틱 컵에 담긴 빙수에서는 맛볼 수 없는 사각사각한 식감이 봉지빙수의 가장 큰 매력이다.

닛포식품공업 日豊食品工業 **구마모토**

미나미아소산맥 지하 130미터의 천연수를 사용한 봉지빙수. 1990년대에 도입된 펭귄과 눈사람이 트레이드마크다.

교에이식품 共栄食品 **미야자키**

마쓰사키냉과 松崎冷菓 **고치**

컵 타입을 봉지로!

1980년대, 규슈에서 시작된 봉지빙수가 대히트를 쳤다. 고치 현지에서도 만들어달라는 점포의 요청으로 탄생한 상품. 현재는 무로토시의 해양심층수를 사용하고 있다.

미야자키현 휴가시 특산품인 헤베스(일본의 작은 녹색 귤) 과즙을 사용한 봉지빙수. 특이한 카페오레는 2020년에 출시된 신상품이다. 우유를 뿌리면 셰이크와 같은 식감도 즐길 수 있다.

간토 지방에서는 후타바식품フタバ食品의 '빙수 딸기맛'이 유명하다. 여름 한정으로 편의점이나 슈퍼 등에 진열되어 있어 어릴 적부터 먹어왔다. 하지만 규슈에 갔을 때 그 많은 종류와 넓은 매대에 충격을 받았다. 이번 취재에 협조해준 나가사키현의 외딴섬 이키노시마에 있는 홀란드푸드는 지금으로부터 약 30년 전 회사 설립 당시 사장이었던 히라카와 스스무 일행이 봉지빙수 사업을 시작했다. 원액을 즉시 냉동할 수 있는 풀pool과 특수 빙삭 커터를 도입하는 등, 봉지빙수 전문업체답게 독자적인 생산라인에서 제조하고 있다.

봉지빙수의 세계는 정말 깊다. 좀 더 인정받아 전국적으로 유행해도 좋을 것 같다.

기후 오가키의 유명한 물을 사용한 '물의 도시' 그린소프트

소프트와 하드, 둘 다 맛있다! 찻집에서 공들여 만들어낸 말차소프트

그린소프트
グリーンソフト

그린소프트

스이교쿠엔 すいぎょくえん園 **기후**

1913년 창업한 전통 찻집 스이교쿠엔에서는 1962년부터 그린소프트를 판매하고 있다. 물의 도시 오가키의 유명한 물을 사용한 맛이 자랑이다. 깃사텐에서는 파르페, 와라비모치(고사리전분으로 만든 떡, 한국에서는 물방울떡이라 부른다), 바바루아 등 그린소프트를 응용한 메뉴도 다양하다.

컵에 담긴 하드 타입. 셔벗처럼 사각사각한 식감이 중독성 있다.

하얀색 소프트아이스크림조차도 드물던 1930년대, 말차가 들어간 소프트아이스크림 '그린소프트'가 탄생했다. 찻집의 여름철 적자를 우려한 경영자들이 '여름에 팔수 있는 상품이 없을까' 고민한 끝에 만들어냈다. 우유에 말차를 넣어 마시면 맛있다는 점과 더운 날씨에 즐겨 먹는 소프트아이스크림을 합쳐 그린소프트를 만들었다고 한다. 지금은 말차 소프트아이스크림이 인기 있는 맛 중 하나지만, 출시 당시에는 초록색이라는 이유로 상당히 충격적인 음식이었다는 후문이다. 전국적으로 유명한 교쿠린엔을 비롯해 그린 소프트아이스크림을 제공하는 가게는 여러 곳이 있다. 여기서는 미묘하게 다른 맛을 자랑하는 각 가게의 그린소프트를 소개한다.

그린소프트(하드 타입)의 콘은 바닥이 평평한 것이 많지만, 이 가게의 제품은 끝이 뾰족하고 긴 플레어 톱flare top 콘을 채택하고 있다.

그린소프트 파르페

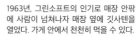

1963년, 그린소프트의 인기로 매장 안팎에 사람이 넘쳐나자 매장 옆에 깃사텐을 열었다. 가게 안에서 천천히 먹을 수 있다.

쇼와시대의 풍경　흔치 않은 일본식 카페

쇼와 27년(1952년). 창업 이래 스이교쿠엔이란 상호를 한자 翠玉園으로 표기했으나, 그린소프트의 출시와 함께 어린이들이 읽기 쉽도록 히라가나 표기를 사용하게 되었다.

쇼와 38년(1963년), '깃사 스이교쿠' 개점 당시. 당시에는 아직 시내에 깃사텐이 거의 없었고, 특히 일본식 카페는 드물었다.

39

오리 마크가 눈에 띈다!
일본에서 가장 유명한 그린소프트

에도시대(1868년 이전)에 창업한 오차노교쿠린엔(차의 교쿠린엔)お茶の玉林園은 1958년에 일본 최초로 그린소프트를 판매했다. 와카야마의 소울푸드로서 전국에 그 이름을 알린 선구자다. 찻잎을 맷돌로 갈아 입자를 곱게 만들어 부드럽게 쓴맛을 줄여 완성했다.

그린소프트 & 호지차 소프트!

호지차 소프트

그린소프트

비닐 포장을 뜯어보면 크림 부분을 종이로 한 번 더 감싸고 있다. 캡과 콘이 깨지지 않도록 배려한 것이다.

하드 타입은 와카야마 사람들에게 '가타이노(딱딱한 것)'라는 이름으로 불린다.

속칭 '야라카이노(부드러운 것)'

가게 앞에서 만들어주는

그린소프트는 콘 타입이 인기가 많지만, 컵 타입도 있다. 더운 날에도 녹을 염려 없이 천천히 맛볼 수 있다.

가게 안에는 와카야마현 출신으로 관광 홍보 대사로도 활동하고 있는 록밴드 라루쿠안시에루 L'Arc-en-Ciel 보컬인 하이도hyde의 사인이 걸려 있다. 그린소프트가 가장 좋아서 '하루에 두 개씩 먹는다'고 밝히고 있다

쇼와시대의 풍경

(위) 예전의 그린소프트. 현재의 그린소프트와는 달리 소프트아이스크림을 짜서 그대로 굳힌 듯한 모양. (오른쪽) 쇼와 39년(1964년)의 혼마치 본점. 쇼와 37년(1962년) 혼마치 본점에 '그린 코너'를 만들고 가벼운 메뉴들을 늘렸다.

말차와 우유의 하모니!
크리미한 식감도 인기!!

그린소프트

1868년 창업한 차신. 나가하마 시민들이 사랑하는 소울푸드인 화이트교자, 팥소가 듬뿍 들어간 가이텐야키인 시바라쿠가 유명하다. 그린소프트는 말차의 풍미가 잘 살아 있으면서도 부드럽고 크리미한 식감이 인상적이다.

하드 타입에는 귀여운 원숭이!

다과회 등에서도 사용되는 인기 말차를 배합. 정통 녹차를 사용했지만, 우유와의 배합이 절묘하게 어우러진 부드러운 맛. 이 정도면 말차를 싫어하는 사람도 부담 없이 먹을 수 있을 것 같다.

캡이 달린 하드 타입. 그린소프트 전용 쇼케이스에는 '찻집 아이스크림'이라는 문구가 새겨져 있다.

그린소프트를 먹을 수 있는 곳은 '차신 메이차부銘茶部'다. JR 나가하마역 앞 거리에서 모토하마초 교차로까지 가서 남쪽으로 꺾으면 바로 왼편에 있는 가게다.

60년 동안 변함없이
옛날 그대로의 소박한 맛

미야오엔 みやおえん **시가**

그린소프트

1872년 창업한 미야오엔. 선대의 동생이 교쿠린엔에서 그린소프트 만드는 법을 배워와서 1962년경부터 판매하기 시작했다. 그린소프트는 가게에서 가장 인기 있는 상품이다.

우유 함량이 적고 담백한 식감으로 사각사각한 느낌이 특징이다. 빈 봉지를 20개 모아서 가져다주면 상품 1개로 교환해주는 것도 장점이다.

담백한 식감 덕분에
'몇 개라도 먹을 수 있다'는 호평!

고바야시찻집 (고바야시차텐)こばやし茶店 **효고**

그린소프트

1875년 창업한 히메지의 노포인 고바야시찻집. 그린소프트에는 제과용이 아닌 마셔도 맛있는 말차를 사용한다. 말차의 향과 맛이 살아나도록 단맛을 절제한 일품이다.

고바야시 찻집은 세 곳이 있으며, 하드 타입은 전 매장에서 구입할 수 있다. 부드러운 소프트아이스크림은 본점 1층에 있는 카페 '존가이카페'에서만 판매한다.

거북이 일러스트가 눈에 띈다!
'이치카케루이치'의 아이스쿠린

아이스쿠린
アイスクリン

콘 타입과 컵 타입을 판매. 기본인 화이트 외에 총 10가지 맛으로 구성되어 있다.

고치현 내 일요장터나 휴게소에서 흔히 볼 수 있는 1×1=1(이치카케루이치)의 깃발은 아이스쿠린이 있다는 뜻이다. 1921년 설립된 고치 아이스크림 상공업협동조합이 운영하고 있다. 3개의 '1'은 '전통 제일, 맛 제일, 신용 제일'이라는 의미를 담고 있다.

도사에서 열리는 일요장터와 난코쿠 SA(휴게소)에서도 우연히 1×1=1 아이스쿠린을 만날 수 있었다.

고치시 중심부에 위치한 1×1=1의 본점 외관.

고치현에서는 도로변이나 관광지 등에서 파라솔을 펴고 아이스쿠린을 판매하는 모습을 심심찮게 볼 수 있다.

아이스쿠린은 유지방 함량을 0.5% 이하로 낮춘 빙과류로 분류되는 것이 주를 이루며, 우리가 아는 셔벗에 가깝다. 설탕, 달걀, 탈지분유, 향료 등 단순한 원재료로 구성된 것이 많아 왠지 향수를 불러일으키는 소박한 맛이다. 아이스쿠린은 부드러운 단맛과 약간 사각사각한 식감, 그리고 부드러운 목넘김과 깔끔한 뒷맛이 특징이다. 이것이 난코쿠 도사 지역의 풍토에 잘 어울리기 때문인지, 고치현 내 제조업체가 제조하는 시판용 아이스쿠린도 현지 주민들에게 잘 알려져 있다.

고치의 여름 맛을 한 손으로 간편하게 먹을 수 있다!

1940년대 후반에 자전거로 막대아이스크림을 판매하는 것으로 시작한 요코바타케냉과. 1960년대 중반부터 판매한 아이스쿠린의 맛은 현지인들에게는 '고향의 맛'이다.

아이스쿠린은 바닐라, 소다 등 여러 종류가 있다. 바닐라는 바나나 에센스를 베이스로 사용한다. 도사의 한여름을 장식하는 '요사코이 마쓰리(축제)'의 이름을 딴 아이스쿠린 콘도 바닐라 맛이다.

요사코이 마쓰리 よさこい祭

미니 컵 타입의 아이스쿠린!

아이스쿠린 바닐라

무로토 해양심층수를 사용한 마쓰사키식 감칠맛 나는 아이스쿠린!

마쓰사키냉과 松崎冷菓 고치

고치의 천연재료를 중심으로 첨가물을 최대한 사용하지 않는 아이스크림을 만들고 있다. 콘은 무색소로 구워내고 무로토 해양심층수를 블렌딩한 아이스쿠린은 자꾸 생각나는 맛이다.

바나나맛의 향수를 불러일으키는 맛

료마노우미 아이스쿠린
龍馬の海アイスクリン

신타로의 아이스쿠린
慎太郎のアイスクリン

(위) 지역활동인 '나카오카 신타로 널리 알리기 운동'을 계기로 1987년 출시. (왼쪽) 인기 아이스크림을 더 크게 만들어 1992부터 출시.

컵은 40년 이상 롱셀러
콘 타입에 바 타입도 인기!

고치에서 절대적인 인기를 자랑하는 구보타식품. 고치의 많은 대형 마트에는 전용 코너가 마련되어 있을 정도다. 그 인기는 고치 내에서만 그치지 않고 지금은 전국적으로도 유명해졌다. 그런 구보타식품의 첫 상품이 100엔짜리 컵 아이스크림이었다.

도사즈쿠리土佐造り
(가다랑어 겉면을 살짝 익혀 먹는 고치현 대표 요리)
아이스쿠린콘

한 손으로 간편하게 먹을 수 있는 아이스쿠린. 사각사각한 식감으로 입안에서 사르르 녹는 밀크세이크와 같은 맛이다.

KUBOTA의 시로쿠마쿤白くまくん
아이스쿠린 캔디アイスクリンキャンデー

'아이스쿠린 봉봉'도 있었다!

1993년 아이스크림의 날(5월 9일) 신문 광고. 현재 라인업에는 없는, 오카야마현의 바쿠단캔디(106쪽)와 같은 모양의 '아이스쿠린 봉봉'과 '옷파이 아이스'의 포도맛, '데마키 소프트크림'도 맛있을 것 같다!

초
참
기
포
장

KUBOTA 시로쿠마쿤
아이스쿠린

1980년 첫 상품 '100엔 컵'으로 판매. 흑당맛도 인기.

고치를 아이스[사랑하다]愛す——
그래서 회사 이름이 '고치아이스'!!

'메이드 인 도사土佐'라는 캐치프레이즈와 구름을 형상
화한 로고로 친숙한 고치아이스. 이 회사 제품은 수도
권의 마트 등에서도 자주 볼 수 있다. 현지 고치에서는
니요도강이 내려다보이는 절경 카페 '고치아이스 매
점' 등도 운영하고 있다.

담백한 아이스쿠린.
**あっさりしている
アイスクリン。**

고치의 길거리에서 판매되는
아이스쿠린 모양에 가장 가까
운 콘 타입을 비롯해 컵 타입,
모나카 타입 등 종류도 다양
하다.

土佐の高知の
アイスクリン

『おいしいから1年中
お届けいたします。』

아이스쿠린 모나카

옛날 전단지에는 하마마치 사장도 등
장한다. 가쓰라하마 공원이 아이스쿠
린의 이미지와도 잘 어울린다!

2009년에 오픈한
전망 좋은 매장!!

194번 국도에 있는 '고치아이스 매점'에서는 가게 안에서 니요도강을 바라보
며 아이스크림을 먹을 수 있다. 도사지로(고치현의 닭 품종)의 달걀을 사용한 진
한 소프트아이스크림을 비롯하여, 이 회사에서 제조하는 거의 모든 종류의 아
이스크림을 판매하고 있다.

점보를 먹어보면
그 가게의 기본 맛을 알 수 있다!

이건 어떻게 먹는 거야?
아오모리에만 있는 봉지아이스크림

스토냉과 須藤冷菓 **아오모리**

'스토칸(스토냉과에서 만드는 '아이스캔디'의 애칭)'만의 독창성!
- 색상: 흰색
- 분류: 락토아이스(유제품 함유 3% 이상)
- 식감: 사각사각
- 맛: 바닐라의 담백한 맛

점보아이스
ジャンボアイス

소마아이스크림가게 相馬アイスクリーム店 **아오모리**

우유맛이 풍부하다!
개인적으로 좋아하는 맛!!
- 색상: 흰색
- 분류: 락토아이스
- 식감: 약간 크림 같은 느낌
- 맛: 우유의 진한 맛

오사나이냉과점 小山内冷菓店 **아오모리**

'미니'점보도 있는데요?
- 색상: 밝은 노란색
- 분류: 빙과류(유제품 함유 3% 미만)
- 식감: 자금자금
- 맛: 단맛이 적고 담백한 맛

후지타아이스 藤田アイス **아오모리**

소박하고 정겨운 맛!
- 색상: 밝은 노란색
- 분류: 빙과류
- 식감: 자금자금
- 맛: 바나나의 상큼한 맛

가게마다 맛의 차이는 있지만, 기본적으로 아이스쿠린을 그대로 봉지에 담은 느낌이다. 전체적으로 담백한 맛이 많아 큰 사이즈도 부담 없이 먹을 수 있다.

아오모리현 히로사키 시내의 아이스크림가게에서 냉동 쇼케이스를 들여다보면, 비닐봉지에 빵빵하게 담긴 거대한 크기의 아이스크림이 가득 차 있다. 그 이름은 점보아이스. 아오모리 하면 노점에서 종을 울리며 판매하는 '카랑카랑아이스(칭칭아이스)'도 유명한데, 이를 집에서 간편하게 즐길 수 있는 것이 바로 이 점보아이스다. 우유맛을 비롯해 바나나맛 등 가게마다 종류도 다양하다. 자연 해동하거나 전자레인지로 살짝 데워 원하는 식감에 맞춰 녹여 먹는다. 접시에 담아 먹거나 우유를 부어 먹거나 음료에 넣는 등, 아이디어에 따라 먹는 방법은 무궁무진하다.

후지타아이스는 대표상품인 점보아이스(바나나맛) 외에도 사과 셔벗, 멜론맛, 딸기맛, 블루하와이 등 다양한 라인업을 갖추고 있다!

점보아이스가 가득! 각 매장마다 냉동 쇼케이스에 점보아이스 전용 공간을 마련하고 있다.

점보아이스는 먹는 방법도 여러 가지!

아이스크림 콘에 담아 먹거나 사이다나 콜라에 띄워 먹는 등 즐기는 방법은 취향에 따라 달라진다! 우유를 붓고 섞어 먹으면 밀크세이크 같은 맛이 난다.

규슈에서 가장 오래된 깃사텐, 나가사키식 밀크셰이크 발상지!

가게마다 맛과 제조법이 다른
나가사키식 밀크셰이크엔 개성이 가득!

밀크셰이크
(미루쿠세키)
ミルクセーキ

쓰루찬 ツル茶ん **나가사키**

나가사키 명물인 '떠먹는 밀크셰이크'. 최근에는 믹서나 셰이크머신 등 기계를 사용하는 가게가 늘고 있지만, 쓰루찬에서는 모두 수작업으로 만들어진다. 재료, 레시피 모두 1925년 창업 초기부터 지금까지 변함없다. 전통의 맛을 지금도 지키고 있다.

원조 나가사키식 밀크셰이크

큰 그릇에 신선한 달걀, 연유, 상백당, 빙수를 넣고 손으로 섞어 녹이는 옛날 방식이다. 한 번에 만들 수 있는 양은 10인분 정도다. 얼음의 사각사각한 식감과 달걀을 통째로 넣은 특유의 '걸쭉함'이 자랑이다.

다이쇼 아이스크림
大正アイスクリーム

쇼와시대에 밀크셰이크는 깃사텐의 단골 음료 메뉴이자 자판기 캔으로도 인기가 있었다. 나가사키에는 예로부터 지역에서 사랑받아온 밀크셰이크가 있다. 그런데 마시는 것이 아닌 '떠먹는 밀크셰이크'다. 분류하자면, 오키나와의 아이스젠자이 문화와 비슷하다고 할 수 있다. 원재료도 우유, 설탕, 달걀에 연유와 얼음 등 단순하다. 가게마다 제조법은 물론 원재료의 비율과 식감도 다르다. 나가사키산 '모기비와(모기 지역에서 나는 비파)'를 사용한 것부터 초콜릿, 바나나 등 그 맛도 다양하다. 관광지나 깃사텐 등 곳곳에서 파는 나가사키의 '소울 디저트'이다.

외관도 실내도 서양식 모던한 분위기! 마치 과거로 돌아간 듯한 기분을 느낄 수 있다. 나가사키 명물 도루코 라이스(한 접시에 돈가스, 스파게티, 필라프 등을 함께 올린 나가사키식 경양식)가 맛있는 가게로도 유명하다.

(위·오른쪽) 창업 당시의 사진. 일본식 복장에 양산을 쓴 여성의 모습에서 서양과 일본 문화가 적절히 융합된 다이쇼시대 특유의 분위기가 느껴진다.

(위) 1973년경 현재 매장으로 개조하기 전의 매장 외관.

당시 밀크셰이크는 한 잔에 2센이었다.
(일본의 옛날 화폐단위, 2센은 0.02엔)

쓰루찬의 초대 점주인 가와무라 다케오 씨가 실제로 사용하던 그릇과 거품기. 가게에서 사용하던 축음기, 당시 사진 등과 함께 소중히 전시 보관되어 있다. 마치 박물관 같다.

하쿠주지 파라의 대표상품은 포로로만이 아니다!

사세보의 명과 포로토로 유명한 '하쿠주지 파라'. 1층은 사세보 명과를 판매하는 기념품 코너이다. 2층의 카페 레스토랑에서 제공하는 여름 인기메뉴 중하나가 1960년대 중반부터 판매한 밀크셰이크이다.

밀크셰이크

(오른쪽) 새빨간 체리를 얹은 레트로풍의 밀크셰이크. 노른자 색이 진한 현지산 신선한 달걀을 사용했다. (왼쪽) 큰 컵에 담긴 거대한 파르페. 그 이름도 '챌린지 파르페'!

본격적인 깃사텐이 1951년에 개점!

'하쿠주지 파라'는 전쟁이 끝나고 얼마 지나지 않은 1951년에 사세보의 아케이드에서 창업. 사세보 시민들에게 오랫동안 사랑받고 있는 노포 깃사텐.

나가사키의 향기가 느껴지는 정통 깃사텐에서 맛보는 달지 않은 밀크셰이크!

밀크셰이크

1946년 창업한 나가사키시의 노포인 정통 깃사텐 커피후지오. 단맛이 적은 밀크셰이크는 주문과 동시에 블렌더로 만들어 제공된다. 원재료는 얼음, 연유, 달걀로 간단하다. 인기메뉴인 에그산도(샌드)와 같은 나가사키산 달걀을 사용한다.

지금은 사계절 내내 인기 있는 메뉴인 나가사키식 밀크셰이크이지만, 예전에는 여름 한정 메뉴였다고 한다. 봄가을에는 마시는 음료로 만들고, 겨울에는 뜨겁게 만들어서 계절에 따라 다르게 제공했다.

가게 안에는 중후한 느낌의 소파와 테이블이 놓여 있고, 바 좌석도 있다. 마치 영화 속 한 장면에 나올 것 같은 레트로풍의 세련된 공간이다.

밀크셰이크 재료를 직접 만들어
가게에서 가장 인기 있는 맛!

1887년 창업한 전통 화과자점 '하쿠스이도白水堂 시안바시 본점'. 매장 안쪽의 일본식 깃사텐 시라미즈에서 1960년대 중반부터 제공하고 있는 '떠먹는 밀크셰이크'는 가장 인기 있는 메뉴다.

떠먹는 밀크셰이크
(다베루미루쿠세키)
食べるミルクセーキ

밀크셰이크의 재료가 되는 시럽은 모두 수제. 달걀은 나가사키산을 사용한다. 옛날의 제조법과 배합은 그대로 유지하면서 시대에 따라 더 좋은 재료를 사용하려고 노력하고 있다.

카스텔라 재료와 같은 엄선된 재료로
하나하나 수작업으로 만든다

창업은 에도시대(1681년)로, 340년 이상의 역사를 가진 카스텔라 맛집으로 유명한 쇼오켄이다. 본점 2층에 있는 '깃사 세빌리야'에서는 맛있는 밀크셰이크를 즐길 수 있다.

밀크셰이크

달걀처럼 아름다운 모양. 얼음 알갱이가 굵은 빙수 타입으로 맛은 달콤하다. 아삭한 설탕의 식감은 개인적으로 '극호'다. 달걀과 설탕은 이 가게의 간판상품인 카스텔라와 같은 것을 사용한다.

54

밀크셰이크

앤티크 가구가 놓여 있는 차분한 분위기의 가게 안. 1976년에 문을 열었다.

도핫센 銅八銭 나가사키

쇼와시대의 레트로한 깃사텐, 도핫센. 이곳의 대표메뉴는 세련된 무늬가 세공된 유리잔에 쏟아질 듯 산더미처럼 쌓인 밀크셰이크. 입안에서 부드럽게 녹아내리는 거친 얼음 알갱이가 매력적이다!

계절 밀크셰이크
(기세쓰노미루쿠세키)
季節のミルクセーキ

제철 재료를 사용한 '계절 밀크셰이크'는 관광객들에게 인기다. 점주가 추천하는 것은 파인애플.

마이코노헤야 (마이코의 방)麻依子の部屋 나가사키

나가사키시 하마마치 아케이드 안에 있는 작은 깃사텐 마이코노헤야. 개업은 1981년. 가게 이름 속 마이코는 여성이 아니라 가구 제조업체의 등나무 의자 이름이라고 한다.

떠먹는 밀크셰이크
《다베루미루쿠세키》
食べるミルクセーキ

깃사 우미노의 맛을 계승. 창업 당시와 변함없는 연유와 달걀의 담백한 맛.

카페 & 바 우미노 Cafe & Bar ウミノ 나가사키

1957년 나가사키 최초의 '토리스 바'(1950년대 중반부터, 토리스 위스키로 만든 하이볼이 주요메뉴였던 서민적인 위스키 바)로 창업한 '깃사 우미노'의 자매점. 다양한 종류의 '떠먹는 밀크셰이크'는 후루쓰산도(과일샌드)와 함께 인기메뉴다.

55

나고 시민이 사랑하는 대표 식당의 인기메뉴!

밀크젠자이
ミルクぜんざい

전통 간식 '아마가시'가 진화!
명물 '오키나와식 젠자이'

고리젠자이
氷ぜんざい

히가시식당 (히가시쇼쿠도)ひがし食堂 **오키나와**

1974년 창업한 나고시 오히가시의 히가시식당. 인기 메뉴인 젠자이는 고급 긴토키마메金時豆(붉은 강낭콩의 일종)를 천천히 정성스럽게 조리하고 흑당이 아닌 그래뉴당을 사용한다. 긴토키마메 본연의 맛을 살려서 누구나 좋아할 만한 맛으로 완성했다.

입안에서 사르르 녹는 눈송이 같은 빙수!

공들여 만든 폭신폭신한 얼음과 탱글탱글하게 익힌 긴토키마메의 궁합이 일품이다. 현지 나고 시민들뿐만 아니라 현내 중남부 지역에서도, 관광객들에게도 인기!

'젠자이'라고 하면 많은 사람들이 떠올리는 것은 '따뜻한 젠자이'일 것이다. 하지만 오키나와현의 젠자이는 수북이 담은 얼음 아래에 달콤하게 끓인 긴토키마메를 숨겨 놓은 '고리(얼음)젠자이'이다. 따뜻한 젠자이의 경우, 오키나와현에서는 일부러 'hot' 이라는 말을 앞에 붙여 '홋토(hot)젠자이'라고 표기한다. 고리젠자이에는 전통적인 젠자이부터 현대적으로 재해석한 젠자이까지 있으며, 얼음을 가는 방법과 토핑에 따라 맛도 천차만별이다. '오키나와 젠자이의 세계'는 상상 이상으로 깊다. 현지에서는 식후 디저트보다는 해수욕 후 더위를 식히는 '간식'으로 즐기는 경우가 많다고 한다.

(위) 나고시 오히가시의 오솔길로 들어가면 나오는 히가시식당. 붉은 기와지붕이 눈에 띈다. (아래) 2018년 나하시 오모로마치 신도심공원 내에 오픈한 '히가시식당 주니어'.

히가시식당의 맛을! 나하시 근교에서도

식사 메뉴는 물론, 미조레(빙수 위에 설탕물을 끼얹은 것)와 긴토키(빙수에 긴토키마메를 곁들인 것) 등의 라인업도 매우 충실하다. (왼쪽) 밀크젠자이에 이어 인기메뉴인 딸기밀크.

오키나와 편의점 로손에는 현지 유명식당에서 감수한 젠자이!

와후테이和風亭가 감수한 오키나와 젠자이

로손

오키나와 내 로손 일부 점포에서 판매. 오키나와현 하테루마 섬에서 나는 흑당과 홋카이도산 긴토키마메를 사용. 주문하면 매장에서 얼음을 갈아준다. 팥을 조린 국물은 너무 달지 않고 떡도 쫀득쫀득!

오키나와메이지유업과 히가시식당의 콜라보!

나고 히가시식당 젠자이 바

오키나와메이지유업

연유맛의 아이스크림 속에 젠자이 풍미의 빙수와 팥이 들어 있는 막대아이스크림. 오키나와 슈퍼와 편의점에서 판매.

탱글탱글하게 끓여낸 긴토키마메와 새하얀 눈처럼 고운 얼음!

구메에 있는 노포 센니치의 아이스젠자이는 1962년 창업 당시부터 레시피도 맛도 그대로다. 높이 쌓인 얼음은 폭신폭신하고 마치 새하얀 눈처럼 곱고 부드럽다.

아이스젠자이 アイスぜんざい

빙수 아래에는 탱글탱글하게 삶은 긴토키마메가 숨겨져 있다. 젠자이 등 빙과류 메뉴는 총 6가지. 그 외에도 이마가와야키(풀빵)와 다이야키(붕어빵)도 인기다.

흑당시럽 빙수에 찹쌀떡, 바닐라 아이스크림까지!

이토만시에 있는 찬요리 전문점이자 식당이기도 한 이나미네. 차가운 간식도 식사도 메뉴가 다양하고, 모두 양이 많다. 가게 안쪽에는 좌석이 있어 가족 단위의 손님도 편안하게 먹을 수 있다.

크림젠자이 クリームぜんざい

크고 탱글탱글한 긴토키젠자이 위에 흑당시럽 빙수, 찹쌀떡과 바닐라 아이스크림을 얹은 일품이다. 자꾸만 먹고 싶어지는 맛!

천천히 끓여낸 깊은 맛
싸라기설탕의 단맛도 특징

아라가키젠자이야 新垣ぜんざい屋

1953년 창업한 모토부의 인기 젠자이가게. 산더미처럼 쌓인 얼음에 장작 화덕으로 10시간 동안 푹 끓여낸 긴 토키젠자이는 소박하지만 깊은 맛이 일품이다. 싸라기 설탕 특유의 강한 단맛과 걸쭉함이 특징이다.

고리젠자이

입구 근처에 있는 발권기의 메뉴는 모두 고리젠자이다. 1인분부터 20인분까지 버튼이 있어 단체 손님이 와도 빠르게 대응할 수 있다.

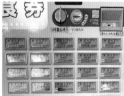

말랑말랑한 떡, 사각사각한 빙수,
달콤한 젠자이가 잘 어울린다!

우에하라젠자이 上原ぜんざい

오키나와시 모레미사토에 있는 우에하라젠자이. 점 주인 마타요시 씨가 모토부초의 아라가키젠자이야 에서 일을 배운 후 2000년에 개업했다. 가게 안에 는 입식과 좌식 테이블이 있다.

젠자이

사각사각한 빙수 아래에는 긴토키젠자이가 들어 있다. 떡이 놀라 울 정도로 말랑말랑하다. 명가의 정성스러운 젠자이의 맛은 역시 나 틀림없다!

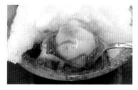

오키나와

오키나와

남국답게 색깔도 선명하다!
자색고구마 파우더에 아이스크림까지!

쓰루카메도젠자이 鶴亀堂ぜんざい 오키나와

세계유산 자키미 성터 근처에 있는 쓰루카메도젠자이. 긴토키마메를 오랜 시간 끓여 만든 '류큐 젠자이', 요미탄 마을의 특산품인 자색고구마를 사용한 '퍼플 다이너마이트(자색고구마 흑당 젠자이)'가 인기다.

퍼플 다이너마이트
(파푸루다이나마이토)パープルダイナマイト

자색고구마 파우더와 수제 흑당 생강 시럽이 뿌려진 빙수 아래에는 자색고구마 아이스크림도 있다. 아이스크림이 녹을 즈음에 섞어 먹으면 크림처럼 부드럽다!

개성 넘치는 모양은 이제 예술!?
보기만 해도 즐거워지는 신개념 고리젠자이

고메하치소바 米ハそば 오키나와

창업은 2004년. 겉보기에는 흔한 오키나와 소바집이지만, 모바일 주문과 현금 없는 주문이 가능한 최신식 가게다. 인기 디저트는 개성파 점주가 만드는 '흑당 보리 젠자이'.

흑당 보리 젠자이
(고쿠토무기이리젠자이)黒糖麦入りぜんざい

얼음 예술! 황새, 말 등 다양한 모양으로 제공. 단맛을 절제한 '흑당 보리 젠자이'의 맛은 일품. 다이모(논에서 자라는 고구마)가 들어간 것을 추천!

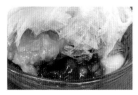

오키나와 젠자이 하면 이곳!
젠자이의 후지야 도마리 본점泊本店

1992년에 창업한 후지야는 현지인은 물론 관광객들에게도 큰 인기를 끌고 있다. 오키나와의 전통 젠자이를 현대적으로 재해석해 대박 메뉴가 되었고, 오키나와 최초로 젠자이 배달을 시작하는 등 '변함없음'과 '최신유행'을 동시에 구현하는 유명한 곳이다.

후지야 젠자이

후지야의 얼음이 붉은 이유는 긴토키마메를 끓인 물로 만든 얼음을 갈기 때문이다. 얼음이 녹아도 마지막까지 맛이 싱거워지지 않는 장점도 있다.

입맛을 돋우는 짭짤한
가메(거북)센베이

집에서 먹을 수 있는
후지야 젠자이!

배달용. 긴토키마메와 떡, 얼음이 별도의 용기에 나눠 담겨 있다. 각각 자연해동 또는 전자레인지로 해동한다. 그릇에 옮겨서 먹어도 좋고 그대로 먹어도 좋다. 혁명적인 맛!

작품이 그려진 외관이 눈길을 끈다. 가게 안은 서핑숍 스타일의 세련된 공간.

현지음식으로 지역을 일으킨다!
오노마치 코마치 아이스버거

`아이스버거`

'스스무 스토어'가 1980년대 후반부터 판매해온 아이스버거를 바탕으로 마을 상공회 청년부가 주축이 되어 '현지음식'으로 개발했다. 오리지널에 변화를 주고 식재료도 마을에서 조달하여 2013년 '오노마치 코마치おのまち小町 아이스버거'가 탄생했다.

아이스버거의 발상지 '스스무 스토어'. 현지 학생들이 먹었으면 좋겠다는 생각으로 개발된 원조 아이스버거는 저렴한 가격(100엔+세금)에 심플한 구성이었다 (2019년에 폐점).

후쿠시마현 오노마치. 이 마을에서 인기를 끌고 있는 현지음식이 '오노마치 코마치 아이스버거'다. 아이스버거의 탄생은 1980년대 후반이다. 현지 중고등학생들의 '햄버거도 아이스크림도 모두 먹고 싶다'는 목소리에서 시작됐다. 오노마치산 쌀가루로 만든 새하얗고 부드러운 빵을 바삭하고 고소하게 구워낸 후, 차가운 아이스크림을 샌드한다. 따뜻한 빵과 차가운 아이스크림의 궁합은 말할 것도 없이 맛있다. 단, 구입 후 바로 녹기 시작하니 되도록 빨리 먹는 것을 추천한다. 아쉽게도 발상지였던 '스스무 스토어'는 문을 닫았지만, 현재도 마을 내 세 곳에서 판매하고 있다.

계절을 느낄 수 있는
제철 식재료를 사용한 한정 메뉴도!

아이스버거

주문하고 얼마 지나지 않아 가게 안쪽에서 예쁜 포장지에 담긴 아이스버거가 나온다. 고소하고 바삭하게 구워진 번과 차가운 아이스크림의 조합은 감동적인 맛이다. 녹는 속도도 빠르기 때문에 시간과의 싸움이다!

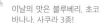
초코바나나

블루베리

사쿠라
한정 메뉴

이날의 맛은 블루베리, 초코바나나, 사쿠라 3종!

매장 내에는
취식공간도 있다!

쇼케이스에는 다양한 케이크가 진열되어 있다. 이 가게의 간판상품은 오믈렛. 구입한 제품은 매장 내 취식공간에서 먹을 수도 있다.

찹쌀떡, 딸기 과육 등
존재감 있는 '재료'가 매력!

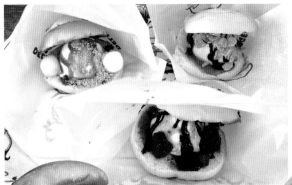

정육점이지만, 야채와 주류, 과일까지 다양하게 구비하고 있다. 동네 주민들에게는 고마운 존재인 종합매장이다. 정육 코너에서 아이스버거를 주문하면 즉석에서 조리해 갓 만든 것을 제공한다.

딸기 초콜릿

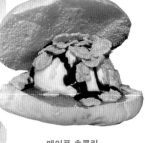

흑당 찹쌀떡 콩가루

메이플 초콜릿

언뜻 보기에는 정육점처럼 보이지 않지만, 깃발과 벽보를 자세히 보면 '멘치가스' '우설' '생양고기 어깻살' 등 고기 정보가 가득하다.

느긋하게 식사하기

벤치에 앉아

아이스버거는 매장 가장 안쪽에 있는 정육 코너에서 주문할 수 있다.

통나무집 스타일의 레스토랑에서
식후 디저트를 즐겨보세요!

레스토랑 시키 レストラン志木

아이스버거

아이스버거를 제공하는 세 곳 중 유일하게 빵의 위아래가 분리된 타입. 아이스크림과 함께 생크림을 끼워넣는 게 이 레스토랑만의 고급스러운 사양이다. 바삭하게 구운 빵과 차가운 아이스크림을 함께 먹는 스타일은 다른 매장과 동일하다.

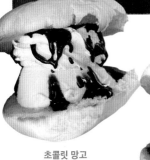

블루베리 그라놀라

초콜릿 망고

말차 팥

주차장도 있으니
차로 와도 OK!

매장 내부는 나무의 온기가 느껴지는 통나무집 스타일의 차분한 공간이다.

가장 인기 있는 메뉴는 '황금비율 햄버그'이다. 햄버그의 디저트로 아이스버거를 먹으니, 조금 묘한 기분이다!

옛날식 포장마차 아이스크림

국도변이나 관광지에서 볼 수 있는 알록달록한 파라솔은 '포장마차 아이스크림'의 표지다. 한때는 종을 울리며 리어카에 싣고 돌아다니는 행상 스타일이 주를 이뤘지만 요즘은 휴게소, 여름 축제 현장, 공원 등이 주무대인 듯하다.

고다마냉과 児玉冷菓 아키타

1948년 창업. 아키타 명물인 '포장마차 아이스크림(야타이 아이스)屋台アイス'의 선구자이다. 이 회사의 간판상품인 '고다마냉과 바바헤라 아이스ババヘラアイス'는 지금으로부터 70여 년 전에 창업자 고다마 마사요시 씨가 고안한 것이다. 사각사각한 식감과 깔끔한 뒷맛이 특징이다.

장미 꽃잎 같은 '장미 담기(바라모리バラ盛り)'의 완성도는 판매원에게 달려 있다. 고다마냉과에는 일본 최초로 '장미 담기'를 고안한 카리스마 넘치는 판매원 하시모토 씨가 소속되어 있다. 만날 수 있다면 행운이다!

고다마냉과 바바헤라 아이스를 집에서도 먹을 수 있다

대표메뉴는 핑크색 딸기맛과 노란색 바나나맛, 2가지 색상의 조합이다. 보냉통 안에는 2가지 셔벗이 반씩 들어 있다.

치가마냉과 千釜冷菓 아키타

1976년 창업한 치가마냉과. 오가·몬젠 지구의 '나마하게(아키타현의 요괴) 입상' 주변 등에서 포장마차를 열었다. 정식 명칭은 '치가마 아이스'이지만, 친근하게 '나마하게 아이스'라고 불린다.

분홍색과 노란색의 조합은 다른 가게와 같지만, 노란색은 바나나맛이 아닌 레몬맛인 게 치가마 스타일! 봉지에 담긴 '모나카 2색 아이스크림'도 인기다.

아키타 신도냉과 進藤冷菓

아키타 명물 '바바헤라 아이스'로 유명한 신도냉과의 창업은 1953년. 한정판 콜라보레이션 아이스크림도 다수 제작하고 있다. 오가의 나마하게관 앞에서 빨강(딸기)과 파랑(소다)의 '나마하게 2색 컬러 아이스크림'을 발견했다!

컵이나 막대형 등 상품 종류도 다양하다. 그중에서도 가장 주목해야 할 상품은 아키타항 휴게소에서만 파는 '바바헤라 소프트'이다.

스기주냉과 杉重冷菓 아키타

1957년 창업. 2가지 맛이 복잡하게 섞인 특이한 '장미 담기'. 이런 맛을 만날 수 있는 것도 포장마차 아이스크림만의 묘미다. 시판되는 '아키타 바바헤라 아이스 파라솔 하나(꽃)花'도 인기다.

휴게소에서 만난 포장마차 아이스크림. 판매원이 눈앞에서 아이스크림을 담아주는 모습을 아이가 즐겁게 바라보고 있었다.

약 30년 전의 판매원. 삼각두건을 두른 채로 판매하는 모습은 히로사키의 대표적인 여름 이미지다.

후지타아이스 藤田アイス

히로사키 명물 '카랑카랑 아이스'. 1973년 창업한 후지타아이스는 전통적인 행상 스타일(포장마차 판매)로 유명하다. 최근에는 SNS 등의 영향으로 젊은이들과 관광객들에게도 인기가 높다.

히로사키공원을 중심으로 더운 계절이 되면 나타나는 파란색 리어카가 눈에 띈다. 최근에는 소매점 상품도 개발되어 인터넷으로 구입할 수 있다.

아오모리 아키나이 하타케야마 商ハタケヤマ

포장마차 아이스크림의 원조라고 할 수 있는 리어카로 지금도 여전히 이동판매를 하고 있는 '아키나이 하타케야마'. 대표상품인 '10색 아이스'는 그 화려한 외관 때문에 현지에서는 '하나비(불꽃놀이)아이스花火アイス'라는 별칭으로 불린다.

행상 중에 울리는 종소리. 이것이 '카랑카랑 아이스' '칭칭 아이스'라고 불리는 이유다.

니시무라 아이스크림 행상점 西村アイスクリーム行商店 아오모리

하치노헤의 관광지에서 만난 포장마차 아이스크림. 아오모리의 포장마차 아이스크림은 아키타보다 조금 더 달콤한 맛이다. 전국 각지의 전통 포장마차 아이스크림 중에서도 선명한 색을 사용하는 것은 아오모리만의 특징이다.

가와다냉과 川田冷菓 고치

청류清流라고 손꼽히는 시만토가와 강변에서 만난 포장마차 아이스크림. 대표 가와다 씨는 이 길에서 50년 경력의 베테랑이다. 아이스크림을 사준 사람과의 가벼운 대화가 즐겁다고 한다.

맛은 바닐라, 딸기 2가지. 토사의 온화한 기후에 어울리는 산뜻한 맛이다.

커다란 보냉통. 도호쿠지방은 아이스크림을 '헤라(주걱)'으로 담아내지만, 고치에서는 '아이스크림 디셔'를 이용해 반구형으로 담아내는 것이 기본이다.

니시야마냉과 西山冷菓 고치

아이스쿠린을 찾아 고치시에서 차로 2시간을 달려 도착했다. 아쉽게도 도착하기 전에 영업이 종료되어 먹을 수 없었다. 다음 날 다시 찾아가 드디어 아이스쿠린을 만날 수 있었다!

일본 마지막 청류인 시만토가와를 가로지르는 사다 침하교 아래에서 유람선과 대자연의 경치를 바라보며 즐기는 아이스크림의 맛은 각별하다.

체리오냉과 _{チェリオ冷菓} 고치

사카모토 료마의 동상으로 유명한 고치의 관광 명소 가쓰라하마. 그곳에서 서쪽으로 뻗어 있는 해안선, 일명 '가쓰라하마 꽃길'을 차로 달리던 중, 아이스크림의 상징인 '붉은색과 흰색의 파라솔'을 펼친 포장마차 아이스크림을 발견!

바닐라, 딸기, 멜론, 초콜릿을 겹겹이 쌓아올린, 보기에도 화려한 '4색'을 주문! 아이스쿠린이 들어 있는 보냉통 안쪽은 맛별로 칸막이가 되어 있다.

나가사키 마에다냉과 _{前田冷菓}

1960년 창업. 나가사키의 관광지 곳곳에서 파라솔 & 포장마차 스타일로 판매하는 나가사키 명물 '치링치링 아이스'. 이름의 유래가 된 종소리는 현재 울리지 않는다.

기본인 '장미 담기'! 맛의 종류도 다양하지만, 가장 인기 있는 것은 창업 당시부터 변함없는 플레인 맛이다.

복장도 '소매 있는 앞치마에 삼각두건과 스카프'에서 '티셔츠와 모자'로 바뀌었고, 2021년에는 창업 이래 처음으로 상설 직매장(왼쪽)을 오픈했다.

2부

맛깔스러운 분위기에
개성 넘치는 아이스크림도!

방방곡곡 아이스크림 순례

맛있는 아이스크림과 알려지지 않은 아이스크림을 찾아 전국 방방곡곡을 찾아다니는 아이스크림 순례의 여정. 현지인들에게 오랫동안 사랑받고 있는 아이스크림, 레트로한 정취가 물씬 풍기는 아이스크림 전문점, 아이스크림이 대표메뉴인 레스토랑과 카페, 그 지역 특유의 아이스크림을 제공하는 휴게소 등등. 여기서는 여행에서 만난 매력적이고 개성 넘치는 수많은 가게와 아이스크림을 엄선하여 소개한다!

쇼와시대부터 변함없는
아이스크림 전문점의 맛!

옛날 그대로의 모습에 마음이 놓인다
'수제'를 고집하는 정겨운 맛

이와키 다리 옆 가게는 옛날의 정겨운 모습을 하고 있다. '수제 아이스크림'이라는 커다란 간판과 바람에 펄럭이는 깃발이 눈에 띈다.

오사나이냉과점 小山内冷菓店

아오모리현 히로사키시의 노포 오사나이냉과점은 옛날부터 이어져 내려오는 추억의 아이스크림가게다. 대표메뉴인 수제 막대아이스크림은 1946년 창업 당시부터 변함없는 제조법으로 매일 아침 하나하나 정성스럽게 만든다. 그 소박하고 담백한 맛은 향수를 불러일으킨다. 옛날부터 현지 어린이들에게 큰 인기를 끌었던 막대아이스크림은 우유, 포도, 딸기, 바나나, 소다 등 10가지가 있다. 한 개에 80엔이라는 저렴한 가격도 매력적이다.

막대아이스크림 외에도 '카랑카랑 아이스'와 점보아이스, 빙수, 소프트아이스크림, 셰이크 등 다양한 종류의 아이스크림을 즐길 수 있다.

냉동 쇼케이스 안에는 아이스크림이 가득! 가게 안의 취식공간에서 '카랑카랑 아이스'와 빙수 등을 여유롭게 먹을 수 있다.

꾸준히 사랑받는 바나나 아이스크림에
초코바나나도 인기!

옛날식 막대아이스크림
맛의 종류도 다양하다!

다양한 종류의 막대아이스크림. 맛은 물론 색과 모양도 재미있다. (위) 바나나 맛의 막대아이스크림에 수작업으로 초콜릿을 입힌, 가장 인기 있는 '수제 초코바나나'. 모양도 바나나다!

둥글둥글 구름 같은
귀여운 모양!

노포 깃사텐의 오리지널!
애정과 정성이 담긴 특제
소프트아이스크림

스위트하우스 와카바 スイートハウスわかば

1948년 창업한 '스위트하우스 와카바'는 이토시 아이들에게 인기 있는 노포 깃사텐이다. 이곳의 대표메뉴는 굵은 롤 형태의 귀여운 소프트아이스크림이다. 여름에는 담백하고 겨울에는 약간 달달한 연유 같은 단맛이 특징이다.

간식 메뉴도 매우 충실하다. 핫케이크도 두툼하고 맛있다!

주목을 끄는 레트로풍의
발랄한 토끼 캐릭터

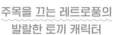

초록색 간판과 소프트아이스크림 모형의 등, 귀여운 토끼 캐릭터가 눈에 띈다. 이것이 가게의 상징이다!

높이가 무려 25센티미터로
10단이나 쌓여 있다!

많은 손님이 찾는 것은 유명한 10단 소프트아이스크림!

1/3 크기의 미니컵도!

마루칸빌딩 대식당
(마루칸비루 다이쇼쿠도)
マルカンビル大食堂

하나마키시의 오래된 백화점 마루칸의 6층 대식당. 약 560석의 테이블이 있는 공간은 전망 좋고 개방감 있으며, 백화점 식당답게 쇼와시대 같은 느낌도 가득하다. 많은 현지인들과 관광객들이 이곳의 명물인 소프트아이스크림을 찾는다.

1973년 창업한 마루칸 백화점은 2016년에 문을 닫았지만, 현지 팬들의 성원에 힘입어 이듬해 2월에 '대식당'이 화려하게 부활했다!

젓가락으로 먹는 것이
하나마키의 매너!?

특대형 소프트아이스크림을 젓가락으로 떠먹는 모습은 대식당에서 흔히 볼 수 있는 광경이다. 이곳에서만 통용되는 상식, 하나마키식 '식문화'이다.

창업 당시의 맛을 추구하며
그릇도 당시의 것을 재현

홋카이도에서 가장 오래된 노포 파라
오타루운하 거리에서 되살아나는
다이쇼시대 낭만의 맛

아이스크림 파라 미소노アイスクリームパーラー美園

JR 오타루역에서 가까운 미야코도리 아케이드에 있는, 1919년 창업한 노포. 실내에는 붉은색 카펫에 영국산 의자와 테이블이 놓여 있다. 옛날 파라의 맛을 고집하는 수제 아이스크림은 재료도 현지의 최고급품을 사용한다.

쇼와시대 초기의 미소노

(위) 쇼와시대 초기의 매장 모습. 현재는 아이스크림뿐만 아니라 '딸기 파르페'와 '푸딩 파르페'도 인기이며, 2종류의 아이스모나카는 오타루 시내의 소매점 등에서도 구입할 수 있다.

'다이쇼 낭만 아이스모나카大正浪漫アイスモナカ'(위 왼쪽)는 옛날 그 맛, 오타루운하가 사랑하는 모나카小樽運河愛す最中'(오른쪽)는 담백한 맛.

76

동네에 있으면 꼭 들른다!
속칭 "아쿠도 아이스"

1943년 창업 이래
변함없는 제조법으로
언제든 추억의 맛을 만날 수 있다

소마 아이스크림가게 相馬アイスクリーム店

'아쿠도 아이스크림'이라는 이름으로 친숙한 히로사키시 아쿠도의 소마 아이스크림가게는 4~9월의 계절 한정 영업으로, 4월의 개업은 지역 주민들에게 봄을 알리는 소식이다. 아이스크림은 가게 안의 넓은 취식공간과 외부 벤치에서도 즐길 수 있다.

인기 No.1은
'아즈키(팥) 캔디'

(오른쪽) 점주의 아이디어로 몇 년 전 탄생한 '연유셰이크(렌뉴셰이쿠)練乳シェイク'. 이 맛은 정말 대단하다!

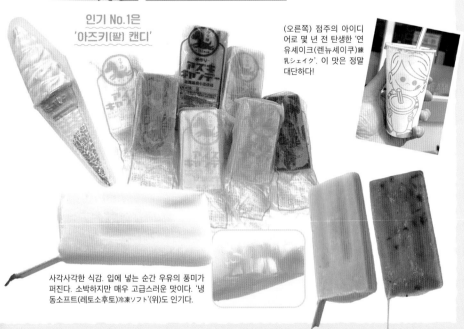

사각사각한 식감. 입에 넣는 순간 우유의 풍미가 퍼진다. 소박하지만 매우 고급스러운 맛이다. '냉동소프트(레토소후토)冷凍ソフト'(위)도 인기다.

77

후타쓰이 지역의 명물 빙과 그 이름은 '잣푸'!

얼린 특제 딸기시럽을 소프트아이스크림처럼 짜서 만들었다!

미치노에키 후타쓰이 道の駅ふたつい

'미치노에키 후타쓰이'에서는 과거 제조 판매 업체로부터 제조법과 상표를 이어받아 빙과 잣푸じゃっぷぅ를 판매하고 있다. 노시로시 후타쓰이 지역의 '소울 아이스크림'인 잣푸는 딸기시럽 빙수처럼 정겨운 맛을 느낄 수 있었다.

(왼쪽) '이부리갓코(아키타의 명물 훈제 단무지) 소프트'. (오른쪽) 앞은 '밀크 잣푸'.

예전에는 이 가게에서 먹을 수 있었다!

(위) 잣푸의 제조 판매원이었던 미쿠니토야상점三國統也商店. (오른쪽) 미치노에키 내에 있는 '코이코이koikoi 식당'. 눈앞에 후타쓰이의 산과 강이 펼쳐진다.

딱딱한 아이스크림은 상온에서
5분이면 먹을 수 있어요

보기에도 귀여운 양과자 아이스크림!

현지인들에게 오랫동안 사랑받고 있는

낱개 포장봉투에는 심플한 별 모양에 '쿨스타'라는 글자가 새겨져 있다.

마쓰시마야松島屋菓子店

에도시대 후기에 창업하여 300년 이상의 역사를 가진 요네자와시의 과자점. 이곳에서는 약 50년 전부터 양과자에 아이스크림과 생크림을 샌드한 '쿨스타クールスター'를 연중 판매한다. 현지인들에게는 친숙한 아이스크림 카스텔라다.

구움과자 사이에
아이스크림이 가득!

출시 초기에는 바닐라맛만 있었으나 현재는 말차, 딸기, 초콜릿이 추가되어 총 4가지 맛을 즐길 수 있다.

바바루아의 쌉쌀한 맛과
아이스크림이 잘 어울린다!

달콤함이 절제된 바바루아에
소프트아이스크림이 듬뿍!

레트로하면서도 모던한 공간에
서 디저트와 정통 커피를 즐길
수 있다.

커피구루메珈琲グルメ

후쿠시마역 앞에 있는 노포 깃사
텐 커피구루메는 디저트 메뉴가
풍부한 것으로도 유명한데, 1979
년 개업 당시부터 이어져온 '커피
바바루아珈琲ババロア'는 이 가게
의 최고 인기 메뉴다. 커피맛의 바
바루아와 소프트아이스크림의 조
합은 정말 맛있다!

(위) 부드러운 식감의 고급 소프트아이스크
림. (오른쪽) 치즈와 생크림을 듬뿍 넣은 진
한 맛의 '구루메 푸딩'.

콘 위에 같은 맛 아이스크림
두 덩이가 산더미처럼 쌓인다!

미쓰케시의 명물 아이스크림 타니신
맛은 30가지 이상!

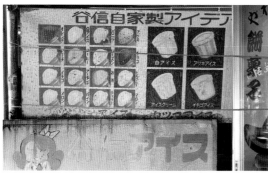

타니신谷信菓子店

1950년에 사탕가게로 창업한 과
자점. 매장에는 많을 때는 30종
류에 가까운 아이스크림이 진열
되어 있다. 대표메뉴는 시로아이
스白アイス. 설탕과 물엿을 베이스
로 한 심플한 맛이 특징이다. 마
니아층이 많아 수십 개씩 대량으
로 구입하는 사람도 많다.

향수를 불러일으키는 가게와 간판. 매장은
미쓰케 시내 신마치 거리 모퉁이에 있다.

컵 안에는
추억의 맛이 들어 있다

컵아이스크림의 송뷰도 다양하고 매년 새로운 맛의 아이스
크림이 등장한다. 구입한 아이스크림을 가게 앞 벤치에서
먹을 수도 있다.

바나나 모양의 용기에
바나나맛 아이스크림!

사랑가게 같은 아이스크림가게에
향수를 불러일으키는
아이스크림이 가득!

세월의 흔적이 묻어나는 아이스
만주 간판은 이즈카제과의 상징
이다.

이즈카제과(이즈카세이카)飯塚製菓

시즈오카시 아오이구의 신토리를
따라 위치한 주택가에 자리 잡은 이
즈카제과는 1947년 창업한 노포 아
이스크림가게이다. 바나나 아이스
크림, 귤 아이스크림, 봉봉 아이스
크림 등 20종류 이상이 매장의 쇼
케이스에 진열되어 있다. 추억의 아
이스크림이 가득!

매일 가도 질리지 않는다!
20가지 이상의 라인업!!

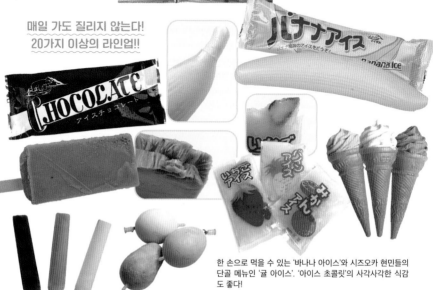

한 손으로 먹을 수 있는 '바나나 아이스'와 시즈오카 현민들의
단골 메뉴인 '귤 아이스'. '아이스 초콜릿'의 사각사각한 식감
도 좋다!

세 가지 맛을 한 번에!
정말 남부럽지 않은 한 개

나가오카 시민에게
여름이면 떠오르는
가와니시야의 막대아이스크림

니가타

가와니시야 川西屋

사케만주로 유명한 화과자가게 가와니시야의 막대아이스크림은 나가오카 시민들에게 여름 하면 떠오르는 존재다. 1938년부터 변함없는 소박한 맛은 수작업으로 만들어진 덕분이다. 우유, 말차, 딸기의 고급스러운 '삼색'도 인기다.

(오른쪽) 아이스크림을 비닐봉지에 담아 신문지로 싸는 '쇼와 스타일'도 건재하다.

아삭아삭 씹으면
팥이 가득!

모든 아이스크림이 깔끔한 단맛을 자랑하며, 아이스모나카도 소박한 맛이 일품이다. 비스듬히 꽂힌 막대도 복고풍 아이스크림만의 매력이다.

83

단맛을 절제해
어른들이 좋아하는 맛!

노무라야의 막대아이스크림은
추억 속의 소박한 단맛이 매력!

오래된 건물에 '아이스캔디アイスキャ
ンデー'라는 글씨가 크게 적혀 있다. 멀
리서도 잘 보인다!

노무라야野村屋

시라카와시에 있는 노무라야는
수제 막대아이스크림이 인기인
노포다. 인공 감미료가 아닌 소박
한 단맛이 매력적이다. 팥은 알갱
이가 제대로 느껴져 어른들이 좋
아하는 맛이다. 겨울에는 미카사
야키(도라야키)를 판매한다.

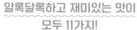

알록달록하고 재미있는 맛이
모두 11가지!

매장 안에는 '노무라야
의 아이스캔디'가 가득
담긴 냉동 쇼케이스가
한 줄로 늘어서 있다.
현재 판매 중인 맛은
총 11가지.

진한 맛은 있지만
뒷맛은 깔끔하다!

더운 날에는 넓은 매장에서 다양한
아이스크림을 즐길 수 있다!

후쿠시마

마쓰바야 まつばや

메이지시대(1868~1912년)부터 이어져온 노포. 넓은 가게에서 일반 아이스크림과 소프트아이스크림을 여유롭게 먹을 수 있다. 막대 아이스크림은 사각사각한 식감과 소박한 맛이다. 겨울에는 사쓰마아게(어묵튀김), 다이야키, 다테마키(달걀말이의 일종) 등도 판다.

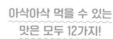

아삭아삭 먹을 수 있는
맛은 모두 12가지!

현재 총 12가지 맛으로 구성되어 있다. 팥, 딸기, 말차 등 기본 맛은 물론 망고, 블루하와이, 레몬 등 독특한 맛도 있다.

가게는 JR 시라카와역에서 도보 약 4분, 노무라야와도 가까운 곳에 있다.

원래는 1931년 창업한 과자점. 지금은 창문에 '나마구소 있습니다'라는 안내문이 붙어 있다!

아키타의 여름이면 생각나는
이것이 바로 나마구소

고에이도 広栄堂

아키타시의 노포 빙수가게 고에이도에서 약 40년 전부터 판매 중인 나마구소生グソ. 정식 명칭은 '생그레이프프루츠(나마 구레프후루쓰) 소프트生グレープフルーツソフト'이지만, 머리글자를 딴 애칭이 임팩트도 있어 인기 만점!

모습도 맛도 특별하다!
스토캰 스페셜

'아즈키(팥)'에는 팥이 알알이 듬뿍 들어 있다. 탱글탱글하고 부드러운 식감!

스토냉과 須藤冷菓

스토의 '아이스캔디', 줄여서 '스토캰ストキャン'. 창업한 지 60년이 넘어 구로이시 시민이라면 누구나 알고 있는 노포 아이스크림 가게다. 메뉴도 다양하고, 호화로운 '스토캰 스페셜'도 있다.

말차 맛이 최고!
역시 시즈오카의 맛이다

1946년 창업한 전통 있는 소프트아이스크림가게.
테이크아웃 전문이지만 매장 앞 벤치에서 먹을 수도
있다.

다카다아이스 たかだアイス

시미즈구에 있는 다카다아이스. 깔
끔하고 담백한 기본 소프트아이스크
림은 시미즈 아이들의 소울푸드다.
시즈오카산 말차가 들어간 '말차 아
이스크림'과 '굴 아이스크림'도 추천!

이자카야의 자신감 넘치는
일품 소프트아이스크림!

(위) 하치쿄 본점 입구와 매장 내부. (오른쪽) 대표
메뉴인 '원조 쑷코메시(연어알밥)'.

하치쿄 はちきょう

삿포로의 해산물 이자카야 하치쿄에
서는 '하치쿄 소프트'를 제공한다. 전
문점도 깜짝 놀랄 정도로 라우스산
소프트아이스크림은 우유 100%의
진하고 담백한 맛이 일품이다. 홋카이
도의 해산물과 함께 맛봐도 좋을 듯.

이와테

아오모리

가나가와

야마가타

동일본 아이스크림 순례 앨범

현지에서만 맛볼 수 있는 각 지역의 인기 아이스크림은 아직도 많이 있다. 여기서는 아이스크림 순례에서 만난 매력적인 일본 동부의 아이스크림을 사진으로 한꺼번에 소개한다!

가나가와

가나가와

후쿠시마

가나가와

후쿠시마

가나가와

홋카이도

니가타

이와테

사이타마

미야기

이와테

홋카이도

후쿠시마

가나가와

가나가와

89

니가타

가나가와

후쿠시마

후쿠시마

아키타

홋카이도

가나가와

후쿠시마

홋카이도

가나가와

—Soma Skim milk ice—

레트로풍 정취가 느껴지는 포장지, 시원하고 맛있어 보이는 로고, 귀여운 오리지널 캐릭터 등 개성 넘치는 디자인이 가득! 필자가 엄선한 매력적인 디자인을 소개한다!

미니 특집 1

홋카이도 곤센根室 지역에서
소프트아이스크림 삼매경에 빠지는 여행

곤센 지역

홋카이도 동쪽에 위치하며 일본 제일의 생우유 생산량을 자랑하는 곤센 지역. '곤센'은 네무로根室와 구시로釧路의 앞 글자를 따서 만들어진 지명이다. 서늘한 기후와 광활한 목초지를 활용한 낙농지대인 동시에 소프트아이스크림의 격전지이기도 하다. 탁 트인 푸른 하늘, 끝없이 펼쳐진 광활한 목초지, 젖소들이 풀을 뜯어먹는 한가로운 풍경은 많은 사람들이 떠올리는 홋카이도의 이미지와 매우 흡사하다. 차를 타고 달리다보면 곳곳에 소프트아이스크림 간판과 깃발이 세워져 있고, 현지에서 생산된 신선한 생우유를 사용한 고품질의 수제 소프트아이스크림을 부담 없이 즐길 수 있다. 소프트아이스크림을 좋아하는 사람들에게는 그야말로 '성지'라고 할 수 있는 곳이다.

레트로풍 역 건물에 있는
노포 레스토랑

오차드그라스 オーチャードグラス

데시카가초, 마슈코에서 가까운 무인역인 JR 가와유온천역의 역사 일부를 개조한 고풍스러운 외관이 인상적인 레스토랑이다. 소프트아이스크림은 비프스튜와 함께 인기메뉴 중 하나다. 관광객뿐만 아니라 현지인들에게도 인기가 많다.

1987년 창업. 원천을 이용한 족욕도 즐길 수 있는 인기 무인역이다. '오차드그라스(목초)'라는 이름은 점주의 전 직업이 축산업이었던 것에서 유래했다.

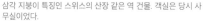

삼각 지붕이 특징인 스위스의 산장 같은 역 건물. 객실은 당시 사무실이었다.

평화로운 목장에서 즐기는
진한 소프트아이스크림

바람목장(가제보쿠조)風牧場

4월부터 12월까지 매장에서 판매되는 소프트아이스크림이 일품이다. 진하고 풍부한 우유맛과 약간의 산미가 느껴지는 상큼한 요구르트맛이 있다. 한번 먹으면 중독되는 맛이다. 가게 앞 방목장에서 염소와 조랑말이 반갑게 맞아준다.

커다란 소프트아이스크림 조형물이 눈에 띈다. 소프트아이스크림 외에도 떠먹는 요구르트, 마시는 요구르트 등 낙농의 고장 시베차만의 특산품도 만들고 있다.

엄선된 생우유의
최고급 맛

라 레토리 나카시베쓰ラ・レトリなかしべつ

나카시베쓰의 신선한 생우유의 맛에 감동한 점주가 1992년에 나카시베쓰의 생우유를 원료로 한 유제품을 만드는 공방으로 설립했다. 대표 상품은 요구르트로, 우유의 풍미를 느낄 수 있도록 향료, 안정제를 사용하지 않는 제조법을 고집하고 있다.

목장의 사일로를 연상시키는 외관의 건물. 통풍이 잘되는 넓은 실내에서 커피와 간식을 즐기며 느긋하게 휴식을 취할 수 있다.

치즈공방 시라누카라쿠케이샤
チーズ工房 白糠酪恵舎

소프트아이스크림의 맛에 감격해 머무는 동안 여러 번 방문했다. 갓 짜낸 신선한 생우유와 유청을 사용한 소프트아이스크림에 리코타 살라타(소금에 절인 리코타치즈)를 토핑한 '치즈 소프트크림'은 치즈공방에서만 맛볼 수 있는 일품이다.

유청은 치즈를 만들 때 나오는 부산물이다. 아이스모나카 타입의 '소프트 드de 모나카'(왼쪽)는 공방 외의 장소에서도 판매하고 있다.

룸베이커리 ルームベーカリー

콧페빵, 크루아상, 멜론빵 등 매장 내 모든 빵에 150엔을 추가하면 소프트아이스크림을 끼워 먹을 수 있다. 소프트아이스크림의 맛은 바닐라, 모카, 믹스 3가지다. 빵과 소프트아이스크림은 각각 단품으로도 주문할 수 있다.

2017년에 오픈. 홋카이도산 우유 원료를 사용하며, 숨은 맛은 마스카르포네 치즈. 진하고 뒷맛이 깔끔한 소프트아이스크림은 빵과의 궁합도 뛰어나다.

이번 여행의 계기가 된 것은 하겐다즈 아이스크림에 하마나카조를 비롯한 곤센 지역의 생우유가 사용된다는 사실을 알게 된 일이었다. 그리고 또 하나, 베쓰카이초의 현지 아이스크림 '베쓰카이의 아이스크림가게'(118쪽)를 처음 먹어보고 너무 맛있었던 것도 큰 이유다. 그동안 삿포로와 오타루에는 여러 번 관광을 다녀왔지만, 곤센 지역에는 좀처럼 가볼 기회가 없었다.

그래서 베쓰카이마치에 대해 알아보니 생우유 생산량이 일본 제일이고, 인구 대비 젖소 수가 무려 7배에 달한다고 한다. 게다가 구시로종합진흥국과 네무로진흥국 직원들이 자발적으로 만든 수제 '곤센 소프트아이스크림 지도'를 발견했다. 이건 심상치 않다! 아이스크림을 좋아하는 사람에게는 혹시 성지가 되지 않을까!? 그 지도를 보면서 '곤센 소프트아이스크림 여행'을 결심하게 되었다.

막상 곤센 지역을 돌아다니다보니 어느 곳의 소프트아이스크림을 먹어도 놀라울 정
도로 맛있었다. 현지에서 생산된 신선한 생우유를 사용하기 때문일 것이다. 게다가
푸른 하늘과 지평선까지 이어지는 광활한 초원 풍경 같은 장소가 있어 그 맛은 더더
욱 최고로 느껴진다.
여행에서는 총 30곳의 소프트아이스크림을 맛볼 수 있었다. 개인적으로 특히 인상
깊었던 가게를 중심으로 소개했는데, 정말 멋진 가게들이었다. '이곳은 꼭 가봐야 한
다'는 유명 가게도 아직 많이 남아 있다. 곤센, 무시무시한 곳이다!
아이스크림을 좋아한다면 꼭 곤센 지역을 방문해보길 추천한다. 그리고 자신의 취
향에 맞는 가게를 찾아보길 바란다.

아이스크림을 한 손에 들고 먹으면서
상점가를 돌아다니기

아이스크림을 들고 있는 펭귄이라니!

명물 막대아이스크림

(왼쪽) 간판에 그려진 펭귄 두 마리의 이름은 지명을 딴 '에비스쿤'과 '미나미짱'이다. (위) 우유와 팥, 그리고 오사카다운 믹스 주스 등 총 9종류.

북극(홋쿄쿠)北極

수제 막대아이스크림의 명가 북극은 오사카 미나미 한복판 '에비스바시스지 상점가'에 매장을 두고 있다. 창업은 1938년. 종전 직후 초대 점주가 '적어도 아이들과 여성들에게만이라도 시원하고 맛있는 막대아이스크림을 만들어주고 싶다'라는 생각으로 당시에는 귀했던 설탕을 사용해 저렴하게 판매한 것이 시작이었다. 가장 인기 있는 맛은 우유맛이다. 부드러운 맛과 사각사각한 식감이 특징이다. 또한, 북극은 드라이아이스를 상자에 담아 아이스크림 테이크아웃 문화를 만든 것으로도 유명하다. 그 풍습이 널리 퍼져 있어서인지 현지에서는 기념품이나 선물용으로 대량으로 구입하는 것이 일반화되어 있다.

더운 날엔 두세 개는 꼭 먹어야 한다!

감미료를 넣지 않고 뒷맛이 깔끔한 설탕을 사용. 팥은 100% 홋카이도산으로 독자적인 제법으로 만든 맛.

1985년 매장 외관

막대아이스크림 전문점이 되기 전의 북극빌딩. 지하에는 공장이 있고, 1층과 2층은 카페로 운영되고 있다. 양과자나 화과자도 판매했다.

예나 지금이나 친숙한 캐릭터 아이스크림을 들고 있는 펭귄!

(위) 예전 검은색 간판의 펭귄. (오른쪽) 북극의 TV 광고는 아직 동영상 광고가 드물었던 1953년 간사이 지방에서 방영되기 시작했다.

1970년대 TV 광고

북극의~

♪ 모두가~ 좋아해~

아이스캔디~♪

엄선한 브랜드 요시노의 막대

아이스크림에 비스듬히 꽂힌 막대. 나라현 요시노산이다. 햇볕에 말린 후, 적당한 크기로 잘라내고 폭을 조절하여 완성한다.

비스듬히 꽂힌 막대는 창업 당시부터!

가족과 직장인들에게 인기 있는, 현지에 뿌리내린 레트로 식당!

'아즈키(팥)'에는 홋카이도산 팥이 듬뿍 들어가 있다. 가게 전체가 레트로한 분위기.

고토부키카이칸 寿会館

쇼와시대의 명곡이 흘러나오는 레트로풍 공간. 식당 한편에 놓인 냉동 쇼케이스에는 1949년 창업 초기부터 판매해온 2가지 막대아이스크림이 진열되어 있다. 예나 지금이나 변함없는 제조법으로 만든 소박하고 정겨운 맛이 인기다.

맛은 '밀크'와 '아즈키' 두 가지다. 포장 디자인이 멋지다!

창업 초기부터 변함없는 제조법

(위·가운데) 창업 당시의 아이스크림 제조 풍경. (맨 오른쪽)은 리모델링 전의 외관.

단고 명물 '다이자가니'가 아이스모나카로 변신!

아이스크림이 겨우 70엔부터 여름에는 현지인들이 대량구매!

다이자 아이스캔디 間人アイスキャンデー

다이자가니(대게)를 모티브로 한 간판상품 가니 모나카カニもなか는 현지 료칸과 민박에서도 주문이 많이 들어온다. 매장 영업은 4월 초순부터 10월 초순까지 계절 한정으로 운영된다.

たいざ
アイスキャンデー
다이자
아이스캔디

가게는 노치가하마 해수욕장과도 가까운 시가지 도로변에 있다. '다이자 아이스캔디'라는 간판을 내건 단층 건물이 눈에 띈다.

다이자가니의 모나카는 배쪽도 다리도 리얼하다!

가게 이름에 들어간 '아이스캔디(막대아이스크림)'는 물론 모나카, 컵 등 다양한 라인업이 준비되어 있다. 도매나 유통을 하지 않기 때문에 포장이 되어 있지 않다.

101

화과자가게가 자랑하는 여름 한정의 맛!

현지에서 사랑받은 85년!
화과자가게가 만드는 막대아이스크림

인기 있는 '밀크 긴토키'. 비스듬히 꽂힌 막대는 쇼와시대의 수제 막대아이스크림을 상징한다.

모치야 오니시 餅屋 大西

나가타신사 앞 상점가에 있는 모치야 오니시. 현지에서는 노포 화과자 가게로 사랑받고 있지만, 창업 초기에는 막대아이스크림가게였다. 이 가게의 간판상품인 '오니시의 아이스캔디大西のアイスキャンデー'는 여름 한정 맛으로 지금도 인기다.

기본 맛부터 레몬, 생강 등 다양한 맛까지!

빨간 깃발이 걸리면 아이스크림 판매 중!

(위) 레트로풍의 세련된 포장은 현지 판매를 전제로 한 것이다. (왼쪽) 막대 아이스크림의 판매 여부는 가게 앞의 깃발로 확인!

가장 인기 있는 상품은
소프트아이스크림

현지의 제철 재료와
옛 방식 그대로의 맛을 고집한다

구로오카 아이스크림黒岡アイスクリーム

1955년 창업. 포장도 귀여운 모나카 외에도 컵아이스크림도 종류가 다양하다. 유라 귤이나 술지게미 등 현지 재료를 사용한 아이스크림도 인기다. 베이스가 되는 아이스크림 자체가 맛있기 때문에 어느 것을 먹어도 만족도가 높다!

다양한 종류의 컵아이스크림. 가게 안에는 레트로풍의 피규어와 레코드 컬렉션도 있다.

102세의 창업자
마치노 씨

(사진 위, 왼쪽부터) 자두, 밤, 팥. 이 맛들도 모두 마치노 씨의 레시피를 이어받아 옛날 방식 그대로를 고집하고 있다.

향상 신선함을 고집하는 노포
화과자가게의 소박한 아이스크림!

향수를 불러일으키는 맛과
쇼와시대를 만끽!

모리카와호코쿠도 森川豊国堂

분고타카타 쇼와노마치 근처에 있는 노포 모리카와호코쿠도는 1919년에 문을 열었다. 겨울에는 카스텔라 등 화과자를 제조 판매하다가 전쟁 전부터 여름에 '아이스캔디'를 판매하기 시작했다. 떠먹는 '밀크셰이크' 컵과 함께 인기다.

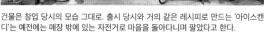

건물은 창업 당시의 모습 그대로. 출시 당시와 거의 같은 레시피로 만드는 '아이스캔디'는 예전에는 매장 밖에 있는 자전거로 마을을 돌아다니며 팔았다고 한다.

쇼와시대를 재현한 테마파크도!

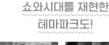

쇼와 30년대(1955~1964년) 거리 풍경을 즐길 수 있는 분고타카타 쇼와노마치. 이 마을에 있는 테마파크 쇼와로망창고昭和ロマン蔵에서 추억의 아이스크림 간판도 발견!

그 시절에 먹었던 그 맛
이것이 바로 쇼와시대의 맛!

거리에 내걸린 손글씨 간판과 세월의 흔적이 묻어나는 조명 간판도 운치가 있다.

야오키 八起

JR 도스역에서 가까운, 문을 여는데 조금은 용기가 필요해 보이는 골목길에 있는 야오키. 가게 안은 엔카가 흘러나오는 쇼와시대의 공간으로, 막대아이스크림도 기대에 어긋나지 않는 옛날의 맛이다.

강변에서 시원하게
수제의 맛을 즐긴다.

아이스크림 외에도 고구마와 팥이 들어간 '이키나리 만주'(이키나리는 '갑자기'라는 뜻. 급히 만들 수 있다는 만주)도 인기다.

세후리고카야마 아이스캔디 脊振五ケ山アイスキャンデー

나카가와 상류 강변에 있는 '세후리고카야마 아이스캔디'. 시냇물 소리를 들으며 씹는 '아이스캔디'의 맛은 각별하다. 세후루산 샘물을 사용한 엄선된 맛과 사각사각한 식감!

하루 100개 한정!
원하는 만큼 담는 한판 승부!!

휴일 등에는 오후에 매진되는 경우도 있다. 담기 전 긴장이 되니 준비운동은 필수!

미치노에키 아이노쓰치야마 道の駅 あいの土山

나고야시와 오사카시의 거의 중간 지점, 국도 1호선 도로변에 있는 미치노에키. 이곳에서 가장 인기 있는 것은 원하는 만큼 담을 수 있는 '말차 소프트아이스크림'이다. 진한 말차 맛으로, 많이 담아도 의외로 맛있게 먹을 수 있다.

독특한 형태에 화려한 색감
눈에 띄는 임팩트 만점!

시럽과 같은 단맛이 특징. 옛 맛을 그대로 살린 원액을 만드는 데는 이틀이 걸린다고 한다.

마키도 관광 드라이브인 満奇洞観光ドライブイン

오카야마현의 관광명소 중 하나인 마키도에서 가까운 산길에 있는 드라이브인. 이곳의 명물인 '바쿠단(폭탄) 캔디バクダンキャンディー'는 약 80년 전부터 현지인들에게 사랑받고 있는 단골메뉴다.

초콜릿과 말차 소프트아이스크림과 함께 다양한 소스 토핑을 즐길 수 있다.

잘 어울려! 따끈따끈한 튀김빵과 차가운 소프트아이스크림

원조아이스도그元祖アイスドッグ

아메리카무라 한가운데 있는 개성파 아이스크림가게. 튀김기름은 속이 더부룩해지지 않는 목화씨유를 사용하고, 아이스크림 믹스는 홋카이도산 우유를 블렌딩해 사용한다. 주문이 들어오면 바로 튀겨서 뜨끈뜨끈한 상태로 제공하는 것이 특징.

단맛이 적어서 12단도 단숨에 다 먹어치운다!

아이스크림 믹스는 기성품 원료를 사용하지 않고, 오래전부터 마쓰다의 독자적인 배합으로 만들어왔다.

오코노미야키 마쓰다お好み焼マツダ

약 50여 년 전부터 약 30센티미터 길이의 '12단 소프트크림'을 제공하는 오코노미야키 전문점. 여름방학이면 동네 시민수영장에서 돌아오는 길에 먹는 것이 현지 주민들의 연례행사가 되었다고 한다.

노란색 어닝 간판이 눈에 띄는 '미각의 왕좌' 아이스크림

모두 고급스러운 맛이지만, 개인적으로는 '칼피스 (유산균 음료수)' 맛을 특히 추천한다!

스즈키상점(스즈키쇼텐)鈴木商店

1947년에 식당으로 창업해 현재는 '아이스캔디'와 '소프트크림'을 판매하는 스즈키상점. 대량으로 구입하는 손님도 많다고 할 정도로 오랜 세월 동안 현지에서 사랑받고 있는 유명 가게다.

뒷맛 깔끔한 아이스모나카와의 궁합도 훌륭하다

모나카 안에는 콘에 얹어먹을 수 있는 동그란 아이스크림이 3개나 들어 있다.

나카쓰야なかつや

JR 오비역 근처에 있는, 1969년 창업한 아이스크림 전문점이다. 아이스크림은 담백해서 아이스쿠린에 가까운 맛이다. 가게에는 현지 고등학생들이 모여 방과 후 시간을 즐기고 있었다.

'아라고스타'는 이탈리아어로 '대하의 꼬리'라는 뜻의 과자다.

사리타坂利太

양과자점 사카타의 인기메뉴인 '아라고스타 소프트크림アラゴスタソフトクリーム'(왼쪽)은 아코시의 마루오 목장의 신선한 생우유를 사용한다. 바삭바삭하고 고소한 과자와 깔끔한 소프트아이스크림의 궁합이 일품!

현재는 '더 아울렛(자 아우렛토) 히로시마'(위)와 '이온몰 히로시마 후추점'(아래)에서 영업 중이다.

폴라베어(포라베아)ポーラーベア

히로시마시 나카구에 본점을 두고 있던 인기 젤라토 전문점. 본점은 폐점했지만, 현대 상업시설 등에서 엄선된 젤라토를 판매하고 있다. 매일 메뉴를 바꿔가며 갓 만든 맛을 제공하고 있다.

손반죽 소프트아이스크림에
하트 모양이 등장!

고원에 위치한 산장 같은 가게
푸른 하늘과 초록이 어우러진
절묘한 아이스크림!

구주코엔카보 이즈미야 久住高原菓房 いずみや

아소쿠주국립공원의 구주코엔(고원). 그곳으로 가는 국도변에 있는 아이스크림 가게. 가장 인기 있는 메뉴는 '흑임자 소프트黑胡麻ソフト'(아래)이지만, 소프트아이스크림에 과일 소스 등을 그 자리에서 넣어 섞어주는 '손반죽(테네리) 소프트크림手ねりソフトクリーム'도 일품이다.

직화로 볶은 흑임자맛이 특징. 직접 만든 참깨가 들어간 콘은 고소하고 바삭바삭한 식감이 인상적이다.

다양한 맛의 '손반죽 소프트크림'

필자가 가장 좋아하는 것은 향 가득 볶은 땅콩으로 만든 '땅콩 소프트'이다. 주문을 받은 후 분쇄기로 갈아서 갓 만든 땅콩 페이스트를 손으로 반죽해 제공하는 일품이다.

너무 이상적이에요!
최고의 위치

오키나와

마치 언덕 위에 세워진 성 같은
360도 파노라마 뷰

아이스쿠린 카페 아크 アイスクリンカフェアーク

오키나와 본섬의 북서부 쿠니가미군 모토부초에 있는 절경도 즐길 수 있는 카페. 다양한 종류의 아이스쿠린을 베이스로 한 메뉴는 콘과 컵뿐만 아니라 과일 토핑과 파르페 등도 있다. 시원한 아이스쿠린과 오션뷰를 만끽할 수 있다.

텐트 포장마차에서도 판매
오키나와 특유의 맛도 다양하다!

외관은 서양식의 독창적인 건물. 가게 내부는 남국의 리조트 스타일. 넓은 창문을 통해 바다가 보이는 개방감 있는 공간이다.

창업은 1975년. 시콰사(껍질이 녹색인 작은 귤 일종), 사토키비(사탕수수), 자색고구마, 패션프루츠 등 오키나와다운 아이스크림도 있다.

효고

서일본 아이스크림 순례 앨범

본편에서 소개하지 못한 개성 넘치는 인기 아이스
크림은 곳곳에 존재한다. 여기서는 아이스크림 순
례에서 만난 서일본의 매력적인 아이스크림들을
사진으로 한꺼번에 소개한다!

효고

구마모토   교토

가고시마

오키나와

나가사키

사가

교토

오카야마

오키나와

교토

효고

효고

효고

가가와

나가사키

와카야마

오사카

113

도야마

효고

히로시마

오키나와

나가사키

나가사키

와카야마

후쿠오카

오사카

효고

후쿠오카

교토

チャーミーちゃん　グリンちゃん

ほうじ茶ソフト

グリンちゃん

グリーンソフト

アズキ
キャンデー

ミルク
キャンデー

ガリっと
チュー

氷 ICE 菓

いちご
アイス饅頭

多度グリンファーム

みかん
アイス

いちご
アイス

115

왜
이렇게
딱딱
해!?

아이치현 니시오산 말차, 신선한 생우유, 홋카이도산 생크림을 사용. 정통 말차의 풍미와 우유의 진한 맛을 균형 있게 즐길 수 있다.

스자타 슈퍼 프리미엄 아이스크림. 바닐라가 대표적이다. 바닐라 향료 는 우유 고유의 풍미와 가장 잘 어울 리는 천연 향료를 엄선해 사용했다.

신아오모리
도호쿠 신칸센
개통 기념!

2010년 12월

아오모리산 사과를 사용. 과육이 들어 있어 아삭아삭한 식감!

옥수수포타주 맛은
유명한 '가리가리쿤'보다
더 먼저 나왔다!

1979년부터 옥수수포 타주를 판매해온 스자 타만의 맛.

2010년 3월

신칸센에서 열차 카트가 다가오면 가슴이 두근거린다. 승무원에게 말을 걸어 평소 즐겨먹는 '저거'를 주문한다. '저거'는 짱짱하게 언 아이스크림을 말한다. '진짜 딱딱 한 신칸센 아이스크림'이라고도 불리며, SNS에서도 종종 화제가 되는 인기상품이 다. 정식 명칭은 '스자타スジャータ 슈퍼 프리미엄 아이스크림スーパープレミアムアイスク リーム'이다. 맛있게 먹기 위해서는 약간의 시간이 필요하다. 앞좌석 등받이에 붙어 있는 테이블을 펼치고 그 위에 아이스크림을 올려둔 채로 때를 기다린다.

차내 판매는 도카이도 신칸센에서 '갈색의 연인'으로 잘 알려진 스자타의 '커피 프레 시'가 채택된 것이 계기가 되었다. 그 인연으로 1991년경부터 신칸센에서 아이스크 림의 차내 판매가 시작되었다. '바닐라'의 원료는 생우유, 유제품, 설탕, 달걀노른자,

기본 맛을 비롯해 노선이나 계절에 따라 한정판 아이스크림도 등장한다. 도호쿠는 아오모리산 사과, 도카이도는 시즈오카산·가나가와산 온주귤, 산요는 오카야마산 백도 등 각 노선의 특산물을 사용한 맛을 즐길 수 있는 것도 매력이다.

현지 특산물을 사용한 노선·계절 한정의 맛도!

2015년 3월 — **딸기**
2014년 7월 — **백도**
2013년 7월 — **멜론**
2012년 8월 — **귤**

2020년 4월
한정수량 판매 이후 2016년에 재판매. 이후에도 리뉴얼하여 재출시!

2017년 4월 — **도치오토메(도치기산 딸기)**

2017년 3월 — **고구마**
이시카와산 고로지 마킨토키 고구마의 진하고 깊은 맛! 개인적으로 스쟈타 아이스크림의 역대급 맛 중 No.1!!!

신출귀몰!? 새로운 맛도 속속 등장!!

노선과 상관없이 다양한 맛의 제품이 등장한다. 언제 어디서 어떤 맛이 등장할까? 신출귀몰한 것도 매력 중 하나다.

캐러멜
밤
초콜릿
캐러멜 마롱글라세
피스타치오
망고

바닐라 향료뿐인데, 유지방 함량이 15.5%로 매우 높다. 유화제, 안정제 등의 첨가물을 사용하지 않고 원재료를 단순화하여 재료 본연의 맛을 느낄 수 있다. 또한 '오버런'이라고 불리는 아이스크림 속 공기의 함유량을 줄이는 등 밀도를 높여 고급스러운 맛과 부드러운 식감을 구현했다. 단, 일반 아이스크림보다 단단하고 잘 녹지 않으며, 공간의 제약으로 냉동 설비를 차 안에 두지 않고 드라이아이스로 보관하기 때문에 더욱 단단해진다. 그래서 딱딱한 것이다.

차창 밖 풍경을 바라보며 먹는 아이스크림의 맛도 특별하지만, 이렇게 기다리는 시간 또한 우아하다. 자, 이제 먹을 시간이다!

맛있어요!

아이스크림의 맛은 우유의 품질로 결정된다. 소와 우유를 매일 진지하게 대하는 '우유 전문가'인 우유회사가 만드는 아이스크림과 소프트아이스크림을 소개한다!

우유회사의 아이스크림

귀여운 포장이지만 본격 어른들을 위한 맛!

베쓰카이유업흥사 べつかい乳業興社 홋카이도

베쓰카이의 아이스크림가게
べつかいのアイスクリーム屋さん

1989년 '베쓰카이의 ○○가게' 시리즈 중 하나로 출시된 '베쓰카이의 아이스크림가게'. 추억의 삼각팩 우유도 유명하다!

일본 제일의 생우유 생산량을 자랑하는 곤센 지역 베쓰카이조에 있는 베쓰카이유업흥사. 우유 생산을 시작으로 1989년부터는 아이스크림도 판매하고 있다. 생우유 본연의 맛을 살린 맛으로 인기가 높다.

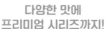

다양한 맛에 프리미엄 시리즈까지!

초콜릿

딸기

말차

프리미엄 밀크 리치

멜론

유지방 함량 18%로 국내 최고 수준의 아이스크림. 바닐라는 신선한 베쓰카이산 생우유를 아낌없이 사용했다. 은은하게 럼 향이 나는 고급스러운 맛.

현내 곳곳에서 볼 수 있는 아이즈추오유업의 이름!

1948년에 '니보우유'로 창업. 현지 아이즈산 양질의 생우유만을 사용해 독자적인 제조법으로 엄선된 유제품을 생산하고 있다. 대표상품은 생우유 본연의 풍미와 진한 맛을 자랑하는 우유 '아이즈노베코노치치会津のべこの乳'이다.

커피 특급(고히톳큐) 소프트크림
コーヒー特急ソフトクリーム

베코노치치 소프트크림
べこの乳ソフトクリーム

커피 특급
베코노치치

'커피 특급'과 베코노치치를 사용한 소프트아이스크림. 입안에서 녹는 맛이 좋고 뒷맛이 깔끔해 둘 다 맛있다!

본사 공장 옆에 있는 직매장 '아이스목장'에서는 갓 짜낸 신선한 생우유를 사용한 소프트아이스크림과 일반 아이스크림을 먹을 수 있다.

아이즈에서 친숙한 땋은 머리 소녀

이 회사의 캐릭터인 땋은 머리의 아이는 아이즈 지방에서는 누구나 아는 유명인이다. 모델은 이 회사 창업자인 니헤이 시로 씨의 딸이다.

쇼와시대의 사진. (왼쪽 위) 사명을 내건 차량에는 '우유가 생활에 녹아드는 새로운 시대'라는 문구가 적혀 있다. (오른쪽 위와 왼쪽) 1959년 '사카시타 밀크 플랜트'를 창업, 주택을 증축해 공장을 지었다.

돗토리 현민이 사랑하는 소울드링크 백장미우유

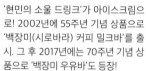

'현민의 소울 드링크'가 아이스크림으로! 2002년에 55주년 기념 상품으로 '백장미(시로바라) 커피 밀크바'를 출시. 그 후 2017년에는 70주년 기념 상품으로 '백장미 우유바'도 등장!

백장미커피 밀크바
(시로바라코히 미루쿠바)
白バラコーヒーミルクバー

백장미우유바
(시로바라 규뉴바)
白バラ牛乳バー

백장미우유와 백장미커피를 그대로 굳힌 듯한 진한 맛의 아이스바. 사각사각한 식감과 입안에서 부드럽게 녹는 느낌이 매력적이다.

╲ 백장미 마크가 눈에 띈다 ╱

1970년

2022년

1972년

1980년

각 시대별 제품 카탈로그에서 발췌. 다이센유업농협의 상징인 백장미우유. 학교 급식에도 제공되어 현민들은 어릴 때부터 그 맛에 익숙해져 있다. 간토 지방 진출을 계기로 인지도가 전국으로 확대되었다. 지금은 상품을 출시하면 순식간에 매진될 정도로 인기가 높다.

커피를 싫어해도 이건 맛있다! 전국적으로 팬이 급증하는 중!

후쿠시마의 소울 드링크 '라쿠오 카페오레'의 부드러운 맛을 아이스크림으로 완벽하게 재현. 그 맛이 화제가 되어 한때 품귀현상을 빚기도 했다.

라쿠오 카페오레 아이스크림
酪王カフェオレ アイスクリーム

후쿠시마에 가야만 먹을 수 있는 소프트아이스크림도 일품. 미치노에키나 고속도로 휴게소 등에서 제공하고 있다.

라쿠오협동유업 酪王協同乳業 후쿠시마

1976년 출시 이후 오랜 세월 후쿠시마에서 사랑받아온 음료 '라쿠오 카페오레'. 커피에 생우유를 50% 이상 첨가한 부드러운 맛이 특징이다. 지금은 후쿠시마 밖에도 열광적인 팬이 많다.

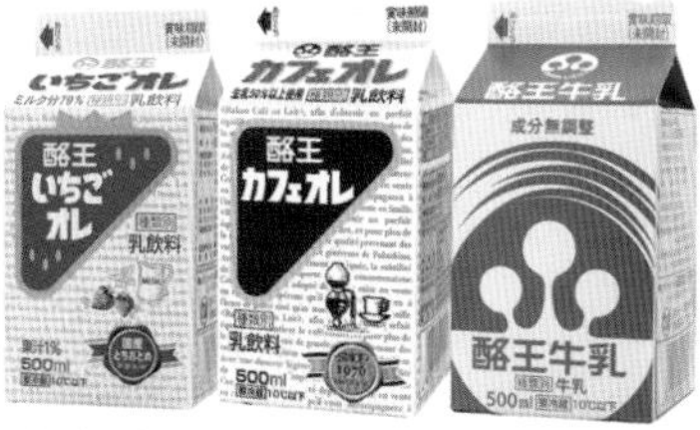

(위) 현재의 포장. (아래) 1980년경 '라쿠오 카페오레'.

규슈에서 30년 이상 사랑받고 있는 '카페오레'가 아이스크림으로!

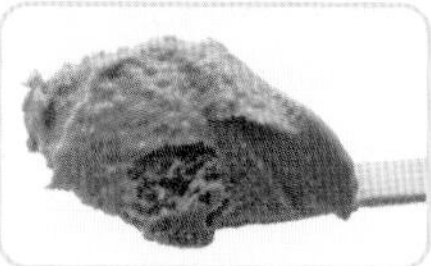

'카페오레'는 규슈에서 여러 번 마셔봤는데, 아이스크림의 맛의 재현도가 매우 높다. 후쿠시마의 '라쿠오 카페오레 아이스크림'에 비해 다소 커피 느낌이 강한 어른스러운 맛이다.

카페오레 아이스
カフェ·オ·レアイス

고뉴샤 弘乳舎 구마모토

카페오레를 사랑하는 기획 담당자의 아이디어로 2019년 봄에 출시. 규슈를 중심으로 30년 이상 사랑받고 있는 '라쿠노 마더스(마자즈)'의 우유음료 '카페오레'의 맛을 아이스크림으로 완벽히 재현했다.

'구마모토현 낙농업협동조합연합회(라쿠노 마더스)'의 카페오레는 아소산 기슭에서 나는 맛있는 우유를 54% 사용한 정통의 맛이다.

나고 방면으로 가면
미치노에키 교다에서 '옷파 소프트'를!

옷파유업에서 나오는 유제품은 오키나와산 100% 생우유를 사용한다. '옷파'의 유래는 소의 일러스트 때문에 '옷파이(찌찌)'로 착각하기 쉽다. 하지만 실은 본사 소재지 근처에 있는 옷파다케 삼림공원에서 유래한 것이다.

옷파 우유(규뉴) 젤라토
おっぱ牛乳じぇらーと

나고에 있는 미치노에키 교다에서 바다를 바라보며 먹는 옷파 우유 젤라토의 맛은 각별하다. 우유의 진한 맛이 매력이다! 컵에 담긴 것도 판매.

브랜드 우유를 듬뿍 사용한
우에무라목장의 특제 소프트아이스크림

우에무라목장의 창업은 1883년. 지역에 뿌리를 둔 전통 있는 우유회사로 현지 주민들에게 사랑받고 있다. 우유 제조는 모두 수작업으로 이루어진다. 배달도 하는 옛날식 병우유가 매력적이다.

갓 짜낸 신선한 우유를 사용한 진하고 부드러운 식감의 수제 소프트아이스크림은 한번 먹으면 자꾸 생각나는 맛이다. 가게에서는 특제 아이스모나카도 판매한다.

소프트크림

미야자키현에서 100년 이상! 지역 밀착형 우유회사

1919년 창업한 하쿠스이샤는 미야자키산 생우유를 원료로 학교 급식용 우유를 비롯해 아이스크림 등 유제품을 제조 판매하고 있다. 휴가나쓰(현지 귤의 일종) 등 지역산 재료를 사용한 상품도 인기다.

공장에 인접한 직영점 '유메미루쿠夢みるく'에서는 소프트아이스크림을 비롯한 다양한 디저트 메뉴를 즐길 수 있다.

마리야 셰이크 & 마리야 소프트! 그 맛을 찾아 이시가키섬으로!!

이시가키섬 터미널 매점 나나피토혼포七人本舗에서 즐길 수 있는 '마리야 셰이크'와 '마리야 소프트'는 감동적인 맛이다. 진하고 뒷맛이 깔끔하다! 이것을 먹으러 이시가키섬에 가고 싶을 정도다.

도민들이 사랑하는 마리야유업의 우유를 사용. 오키나와다운 빅 사이즈인 것도 기쁘다!

논호이우유의 캐릭터 우시타논짱이 눈에 띈다!

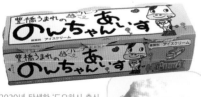

아이치현 최대의 유제품 제조업체인 추오제유에서는 1959년부터 아이스크림을 제조하고 있다. 도요하시시의 낙농가 한정 우유 논호이우유를 사용한 아이스크림도 현지에서 인기다.

2020년 탄생한 '도요하시 출신 논짱 아이스豊橋うまれののんちゃんあいす'. 논호이우유를 사용한 상큼한 아이스크림이다.

氷菓

氷菓

예나 지금이나 인기 만점!

3부

현지 업체 & 체인점 아이스크림

낯선 지역에 가면 현지 슈퍼나 편의점, 역 매점 등의 냉동 쇼케이스를 꼭 한번 들여다보길 바란다. 거기에는 본 적 없는 아이스크림이 잔뜩 진열되어 있을지도 모른다! 어디든 있는 아이스크림이 보이지 않는다고만 생각했는데, 알고 보니 현지 업체의 제품들이 가득한 것이었다. 여기서는 각 업체와 체인점별로 그 지역에서 늘 만날 수 있는 롱셀러 아이스크림을 소개한다!

1954년부터 변함없는 제조법!
계속 사랑받고 있는 추억의 '아이스캔디'

1957년경부터 푸른색 띠와 북극곰의 디자인을 채용하고 있다. 북극곰의 이름은 '잇짱'이다.

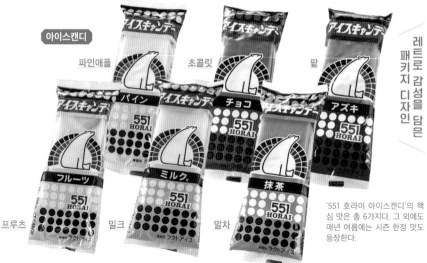

아이스캔디

파인애플   초콜릿   팥

프루츠   밀크   말차

레트로 감성을 담은 패키지 디자인

'551 호라이 아이스캔디'의 핵심 맛은 총 6가지다. 그 외에도 매년 여름에는 시즌 한정 맛도 등장한다.

551 호라이라고 하면 많은 사람들이 간판 상품인 '부타만(돼지고기만두)'을 떠올릴 것이다. 하지만 '아이스캔디' 역시 연간 10만 개씩 팔리는 인기상품이다. 부타만의 전성기는 겨울이기 때문에 창업 초기에는 여름철 매출 확보가 과제였다. 그래서 여름 아이템으로 1954년에 탄생한 것이 바로 '551 아이스캔디'이다. 인기의 비결은 부타만의 마찬가지로 '갓 만든 것에 대한 고집'이다. 만들어놓지 않으니 여름에는 오사카 시내 공장에서 제조한 직후의 상품이 매장에 도착하기도 한다. 매장에서의 판매량에 따라 종류별 생산량을 조절하고 있기 때문에 언제나 스테디셀러 맛이 매장에 진열되어 있다.

551 아이스캔디의 얼굴!
역대 잇짱 모음

2004년~

1969년~

초창기

'아이스캔디'와 함께 진화를 거듭하고 있는 잇짱. 초창기에 비해 현대판은 둥글둥글해져서 훨씬 더 귀여워졌다!

쇼와시대부터 잇짱이 눈에 띈다!
소프트아이스크림과 셔벗도 있었네!

1995년 테이크아웃 박스.

과거에는 소프트아이스크림, 셔벗, 슈크림 등도 판매했다. 그중 가장 인기가 많았던 아이스캔디는 551 호라이의 대표상품이 되었다.

1957년(오른쪽)과 1963년(왼쪽) 포장.

(왼쪽) 1968년 홍보지. (위) 1958년 전단지.

본점 1층 매장에는
'아이스캔디'가 가득하다!

551 호라이 본점 1층은 테이크아웃 전문, 2, 3층의 레스토랑에서는 명물인 부타만과 중화요리를 먹을 수 있다.

니가타에서 '모모타로'라고 하면
일본 전래동화가 아닌 빙수 막대아이스크림!

니가타에서는 '국민 아이스크림'이라는 '가리 가리쿤'을 능가하는 인기. 편의점의 냉동 쇼케이스를 들여다보면 반드시 만날 수 있을 정도로 인기 있는 빙수 막대아이스크림이다.

모모타로もも太郎

비바리치ビバリッチ

듬뿍 넣은 딸기 과육 소스!

걸쭉한

도호쿠 지역에서 인기를 끌었던 막대아이스크림 '비바올'의 '리치' 버전. 유지방 함량을 늘리고 딸기 과육 소스를 더해 진한 맛으로 완성했다.

세이효는 1923년에 창업한 전통 있는 제빙회사다. 간판상품인 빙수 막대아이스크림 '모모타로'('모모'는 복숭아라는 뜻)는 얼음을 으깨어 시럽을 섞고 얼려서 얼음의 사각사각한 느낌을 즐길 수 있다. 제빙업체 특유의 기술력과 고집이 느껴진다. 인기상품인 '비바리치'는 도호쿠 지방에서 오랫동안 사랑받아온 '소울 아이스크림'의 진화판이다. 센다이시의 제조업체가 판매하던 인기 막대아이스크림 '비바올'이 1997년에 판매 종료되면서 인터넷상에서 아쉬움의 목소리가 이어졌다. 이에 세이효가 상표권 등을 양도받아 2004년에 복원하여 판매했고, 2005년에 리뉴얼하여 '비바리치'라는 상품명으로 재탄생했다.

① 제빙통에 여과된 물을 붓는다. 빙과류의 원료가 되는 얼음을 제조한다.

② 니가타 공장에서는 동일한 생산라인에서 다양한 종류의 아이스크림 생산이 가능하다.

③ 모모타로의 틀에 얼음과 원료를 섞은 액체를 붓는다.

④ 냉각되어 아이스크림이 굳으면 틀에서 빼낸다.

⑤ 아이스크림에 결함이 있는지 직원들이 육안으로 검사한다.

⑥ 자동화된 환경에서 아이스크림을 포장하고 박스에 모아 넣는다.

급식용 아이스크림도!

세이효의 급식용 아이스크림. 바닐라, 귤 셔벗, 사과 셔벗, 3종류.

비바리치의 전신이자 또 하나의 모모타로!?

(오른쪽) 복원한 비바올에는 소녀 캐릭터가 등장한다. (위) 사도의 특산품인 오케사카키(니가타산 씨 없는 감 브랜드)를 바탕으로 개발된 '우라시마 카메타로'는 아쉬움을 뒤로하고 판매 종료.

다이이치식품의 모모타로는 가리가리쿤과 같은 2층 구조!

다이이치 브랜드의 모모타로는 2004년 신공장을 건설하면서 바이터 라인(막대아이스크림을 제조하는 설비)을 신설하여 현재의 2층 구조로 바뀌었다. 식감은 달라졌지만, 맛 자체는 1962년 출시 당시와 거의 변하지 않았다.

모모(복숭아)타로 もも太郎

겉은 딸기맛 아이스크림, 속은 사각사각한 식감의 딸기맛 빙수. 다이이치의 모모타로는 2층 구조가 특징!

아즈키(팥)타로 あずき太郎

막대아이스크림 제조부터 시작!

1951년, 막대아이스크림 제조업으로 창업한 지 얼마 되지 않았을 때의 사진.

2009년 출시. 모모타로와 같은 2층 구조의 연유 긴토키 팥 막대아이스크림. 팥맛의 얼음을 연유맛 아이스크림으로 코팅!

노시로에서 태어나 노시로에서 자란 미조레는 처음 먹어도 향수를 불러일으키는 맛!

1968년 출시 이래로 현지에서 꾸준히 사랑받고 있는 노시로 명물 마루혼의 미조레는 노시로에서만 구입할 수 있다. 그야말로 지역 밀착형 빙과이다.

미조레 멜론맛 みぞれメロン味

미조레 みぞれ

얼음처럼 딱딱한 미조레가 아닌 사각사각한 아이스쿠린의 식감. 딸기시럽맛은 처음 먹어봐도 향수를 불러일으키는 맛이다!

노포 화과자가게에서 만드는
추억의 아이스캔디

사각사각한 식감이 매력적이다!

야스기에서 창업 100년 이상의 전통을 자랑하는 사가와스에히로도가 제조 판매하는 아이스캔디는 1944년 출시 이후 현지 주민들에게 꾸준히 사랑받고 있는 여름 시즌 한정상품이다. '야스기의 여름 딸기やすぎの夏いちご'는 원료에 야스기산 딸기만을 40% 사용한 고급스러운 맛이다.

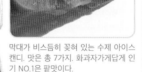

아이스캔디

막대가 비스듬히 꽂혀 있는 수제 아이스캔디. 맛은 총 7가지. 화과자가게답게 인기 NO.1은 팥맛이다.

고시히카리와 심층수 소금을
자랑하는 현지 아이스크림

요코야마냉과 横山冷菓 도야마

도야마현의 요코야마냉과는 1965년경 일본 최초로 시판용 소프트아이스크림을 만든 원조로 업계에서 인정받고 있다. 도야마만의 해양심층수 소금을 사용한 '시오(소금) 소프트'와 고시히카리 쌀을 재료로 사용한 '도야마현산 고시히카리 소프트·모나카'도 인기다.

심층수 시오(소금) 소프트
深層水塩ソフト

도야마현산 고시히카리 소프트
富山県産こしひかりソフト

도야마현산 고시히카리 모나카 富山県産こしひかり最中

고시히카리를 사용한 소프트아이스크림이나 모나카는 '오모유(죽)'처럼 부드러운 단맛이 특징이다. 휴게소나 미치노에키 등에서 판매되고 있다.

맛을 고집하는 정통 지향!
난코쿠 도사의 현지 아이스크림 업체

変わらない事の難しさ。

옷파이 아이스밀크おっぱいアイスミルク

하나만주花まんじゅう

크림 같은 우유 아이스크림과 도카치산 팥 100%를 사용한 수제 팥소의 궁합이 일품!

옛날에 먹던, 고무튜브에 담긴 아이스크림! 겉모습은 귀엽지만 속은 바닐라빈이 들어간 정통 아이스크림.

구보타 아이스크림의 원조라고 할 수 있는 제품!

초대　　　　　2대　　　　　초대

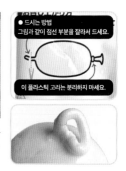

옛날 포장은 디자인과 색감이 레트로풍! '옷파이 아이스밀크'의 인상적인 백곰은 아직 등장하지 않았다.

1969년에 창업했다. 초기에는 막대아이스크림을 유통하고 있었지만, 창업자 구보타 고이치 씨가 '맛있는 아이스크림을 직접 만들어보고 싶다'는 도전으로 구보타식품의 아이스크림 제조가 시작되었다. 1980년에 첫 상품 'KUBOTA의 시로쿠마쿤 아이스쿠린'(46쪽)을 완성시켜, 그 후도 '다품종 소량생산'을 콘셉트로 제품을 잇달아 개발했다. '우리가 정말 먹고 싶고, 정말 맛있다고 생각하는 것을 만들겠다'는, 창업 당시부터 지금까지 변함없는 진짜에 대한 고집. 그것이 구보타식품의 강점이자 가장 큰 매력일 것이다. 고치 현민들 사이에서는 '구보타 아이스'로 친숙하다.

이치고(딸기) 아이스캔디   아즈키(팥) 아이스캔디

초대

초대

2대

2대

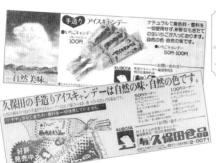

3대

제품 콘셉트는 창업 초기부터 변함없지만, 포장 디자인은 극적인 진화를 거듭하고 있다. 옛날 포장도 소박하지만 멋진 디자인이다. 왼쪽은 모두 1983년 신문 광고다.

'다품종 소량생산'에 대한 고집

'다품종 소량생산'을 콘셉트로 한 구보타의 아이스크림. 최근에는 시코쿠 지역 뿐만 아니라 전국 각지에서 판매되고 있다. 그 맛이 알려지면서 지역 아이스크림의 영역을 넘어서고 있다. 오른쪽 그림은 KUBOTA의 옛 로고 마크. 심플하지만 깊은 멋이 느껴진다.

규슈 아이들의 활력의 원천!
다케시타의 블랙몽블랑!

바닐라 아이스크림에 초콜릿과 쿠키 크런치를 얹은 블랙몽블랑은 1969년에 탄생했다.

1986년

1988년

1989년

블랙몽블랑
(부락쿠몬부란)ブラックモンブラン

1975년경(왼쪽)과 1984년경(오른쪽)의 홍보용 포스터. 쇼와시대에는 막대 2개가 붙어 있어 나눠먹을 수 있는 더블 타입의 막대아이스크림이 유행했다. 블랙몽블랑도 더블 타입이 있었다! '전자계산기' '스포츠 라디오'라는 응모 경품이 시대를 실감케 한다.

당시 인기였던 '꿀벌 마야'를 광고에 등장시켰다

©NIPPON ANIMATION CO., LTD.

사가현 오기시에 본사를 둔 다케시타제과. 인기 상품인 블랙몽블랑은 규슈 출신이라면 누구나 한 번쯤 먹어본 적이 있는 스테디셀러다. 이 독특한 상품명은 다케시타제과의 전 회장이 알프스산맥의 최고봉인 몽블랑을 눈앞에 두고 '이 새하얀 산에 초콜릿을 뿌려 먹으면 얼마나 맛있을까'라는 생각으로 지은 것이다. 밀쿡, 도라키치쿤, 오고리맛세, 싯토루케 등 그 밖에도 매력적인 아이스크림이 많이 있다. 어느 제품도 규슈 사람들에게 오랫동안 사랑받고 있는 '소울 아이스크림'이다. 맛은 물론, '덤'이라는 특별함도 인기요소 중 하나일 것이다.

밀쿡ミルクック

뉴질랜드의 쿡 산에서 이름을 따온 밀크셰이크 막대아이스크림. 연유 소스가 들어간 진한 맛.

1987년

밀크셰이크뿐만 아니라 기간 한정 맛도 출시!

복숭아

요구르트

프레시 요구르트

파인애플

야메산 말차   크렘브륄레

컵도 새롭게 등장!!

2018년에는 출시 40주년을 기념하여 컵 타입도 출시! 밀쿡만의 부드러운 식감을 더욱 즐길 수 있다.

팀 다케시타! 인기 있는 친구들

도라키치쿤トラキチ君

바나나 아이스크림과 가나슈 초콜릿으로 만든 가로줄 무늬가 특징이며, 1986년 출시 당시 한신 타이거즈가 강세를 보였기 때문에 붙여진 이름('도라키치'는 한신 팬의 애칭)이다.

1986년

2007년에는 딸기맛이 나오면서 도라키치의 여동생 도라미짱도 솔로로 데뷔하는 등 다양한 맛의 제품도 출시되었다.

싯토루케しっとるケ

오고리맛세おゴりまっせ

한번 보면 잊을 수 없다!
사랑스러운 '오토보케 캐릭터'

오토보케쿤 おとぼけくん

튜브 용기라 녹아서 손이 끈적거릴 염려가 없다. 일반 튜브 아이스크림에 비해 입구가 크게 설계되어 먹기 편하다.

사각사각한 얼음조각이 들어간 부드러운 식감. 캐릭터의 인상과 달리 맛은 '오토보케(시치미 떼기)'가 없다.

마루나가제과 丸永製菓 후쿠오카

1960년부터 아이스크림을 제조 판매하는 후쿠오카현 구루메시의 마루나가제과. 규슈 사람들에게 친숙한 오토보케쿤은 1979년에 태어났다.

1979년

한 개로 바닐라와 초콜릿 맛을 동시에 즐길 수 있다!

어머! 딸기가 아니야!?
사과잼이 뜻밖의 매력 포인트!

세이카식품 セイカ食品 가고시마

가고시마에 본사를 둔 세이카식품. 1961년 출시된 잼모나카도 이 회사의 숨은 명작이다. 간판상품인 '남국시로쿠마'와 마찬가지로 예나 지금이나 사랑받고 있는 스테디셀러다.

잼모나카(자무모나카) ジャムモナカ

1961년

바닐라 아이스크림에 사과잼을 넣고 얇고 촉촉한 모나카 과자로 감싼 옛날 맛의 모나카 아이스크림. 이것이 바로 쇼와시대의 맛!

1986년   1983년

본탄아메 ボンタンアメ도 유명!
전통 있는 과자 회사

고치현 사카와초에 있는
지역 밀착형 아이스크림 회사

창업 초기인 1945년 초반에는 자전거 뒤에 막대아이스크림을 싣고 다니며 판매했다. 현재는 사카와초 내의 슈퍼나 관광 관련 시설 등에서 판매하고 있다. 요시모토유업의 현지 우유를 사용한 '요코바타케의 아이스 コバタケのアイス'가 현지에서 큰 인기를 끌고 있다.

브라보아이스 ブラボーアイス

로봇 일러스트가 매우 인상적이다. '3개들이 대박세트'도 쇼와시대에 유행했던 배부른 기획이다.

상품명도 포장도 모두 브라보!

쇼와 40년대(1965~1974년) 출시 당시에는 막대에 쓰인 숫자에 따라 아이스크림을 더 주는 것, 아이스크림을 초콜릿으로 코팅하는 것이 흔치 않은 일이었다. 지역 어린이들에게 기쁨을 주고 싶다는 일념으로 상품화를 실현했다.

쫀득쫀득한 식감이 매력!
녹지 않는 신기한 급식 아이스크림

원래 규슈 지역의 학교 급식용으로 개발된 디저트를 시판용으로 개량해 2011년 규슈 지역의 편의점에서 판매하기 시작했다. 이후 전국적으로 알려지게 되었다.

급식으로 친숙한 무스
〈규쇼쿠데오나지미노무스〉給食でおなじみのムース

살짝 달콤한 우유맛. 완전히 녹지 않아 부드러워져도 맛있게 먹을 수 있다. 독특하게 탱탱한 식감이 특징이며, 팬이 많은 인기 아이스크림.

지역 밀착형 '세코마'만의 상품 라인업이 매력!

세이코마트(통칭 세코마)는 홋카이도를 기반으로 제조, 배송, 판매까지 자체적으로 운영하고 있다. 아이스크림 제조는 그룹사인 다이마루유제품이 담당한다. 원료가 되는 우유도 그룹 내 회사에서 조달하여 독자성이 높은 상품 라인업을 갖추고 있다.

홋카이도 바닐라 아이스컵

세코마의 대표상품. 도요토미초산 우유와 생크림을 사용. 우유의 진한 맛과 부드러운 식감, 깔끔한 뒷맛이 특징.

2001년   2018년

홋카이도 멜론 아이스크림 시리즈

홋카이도 우유 아이스크림 시리즈

홋카이도 멜론 아이스크림

맛있지만 활용되지 않았던 '규격 외 멜론'의 과즙을 사용. 세코마에서 큰 인기를 끌고 있는 홋카이도 멜론 아이스크림 시리즈다!

홋카이도 멜론 소프트

2008년

홋카이도 우유 소프트

아이스크림의 맛은 우유로 결정된다! 홋카이도 우유 아이스크림 시리즈는 모두 홋카이도 도요토미초에서 생산된 우유를 사용하고 있다.

홋카이도 멜론 모나카

홋카이도 우유 모나카

맛의 비결은 현지산 우유 원료와 오타루의 맛있는 물!

사쿠라식품 さくら食品 홋카이도

사실적인 형태가 인상적인 사쿠라식품의 간판상품 '옥수수 아이스모나카'. 홋카이도산 허니반탐(옥수수 품종) 옥수수로 만든 페이스트와 파우더를 사용한 정통의 맛이다.

홋카이도 옥수수(도키비) 아이스모나카

홋카이도 멜론모나카

홋카이도산 레드멜론 과즙을 사용해 육즙이 풍부한 맛. 우유 원료는 물론 과립설탕까지 100% 홋카이도산!

유키지루시의 아이스크림 사업을 계승한 롯데의 지역 한정 상품!

롯데 ロッテ 홋카이도

유키지루시유업(현 유키지루시 메그밀크)의 아이스크림 사업은 '롯데스노우 주식회사'를 거쳐 롯데가 승계해서, 홋카이도 한정 상품도 출시되고 있다.

초코바나나

초코와 바나나의 궁합이 최고! 홋카이도의 많은 사람들이 '홋카이도 한정'이라는 사실을 모르고 먹는 롯데의 초코바나나.

옥수수(도키비) 모나카

쇼와시대를 대표하는 컵 아이스크림!

일본 아이스크림 역사에서 빼놓을 수 없는 '유키지루시 바닐라블루'도 롯데가 계승했다. 아쉽게도 현재는 단종되었다.

1979년

오키나와메이지유업의
오리지널 아이스크림 브랜드
okimei(오키메이)에 주목!

기나코모치きなこもち(콩가루떡)

아메리칸 크런치
アメリカンクランチ

바닐라 아이스크림을 초콜릿으로 코팅하고 크런치 비스킷을 뿌렸다. 전국에 비슷한 아이스크림이 있지만, 오키나와의 스테디셀러는 바로 이것!

콩가루맛 아이스크림, 찹쌀떡 소스, 콩가루맛 초콜릿의 조합이 여러 세대에게 인기 있는 스테디셀러. 빡빡머리에 기모노를 입은 소년도 친숙한 캐릭터다.

'호빵맨 아이스'를 빼놓고는
오키나와 아이스크림을 말할 수 없다!

날아라! 호빵맨 아이스바(소레이케! 앙빵만아이스바)
それいけ! アンパンマンアイスバー

1990년부터 오키나와 한정으로 사랑받고 있는 롱셀러. 포장에는 어린이들에게 절대적인 인기를 자랑하는 호빵맨을 사용했다. 우유맛 아이스크림 안에는 초콜릿 소스가 진하게 들어 있다.

© やなせたかし / フレーベル館・TMS・NTV

오키나와현 내 슈퍼에는 본토에서는 볼 수 없는 아이스크림이 많아 냉동 쇼케이스를 구경하는 것만으로도 설렌다. 그 많은 상품을 취급하고 있는 곳이 오키나와메이지유업이다. 이 회사의 라인업은 '아이들이 용돈으로 살 수 있도록' 저렴한 가격대의 상품이 많다. 2021년에는 오리지널 아이스크림 브랜드 okimei(오키메이)를 설립해, 오키나와의 아이스크림을 판매하기 시작했다. 인기 상품인 '호빵맨 아이스바'는 오키나와 현민에게 30년 이상 사랑받고 있지만, 오키나와 한정 판매라는 사실은 의외로 잘 알려져 있지 않다. 그 밖에도 오키나와에 서식하는 새의 이름이 상품명이 된 얀바루쿠이나 등 독특하고 매력적인 상품이 많다.

소다세븐 ソーダセブン

마치야과(막과자가게)에서 인기! 저렴한 가격의 소다 막대아이스크림. 레트로한 디자인이 귀엽다.

팥(아즈키)아이스바 あずきアイスバー

홋카이도 팥 사용! 팥맛 아이스크림에 팥알이 들어간 롱셀러.

화이트 ホワイト

아카바코(빨간 상자) 밀크바 赤箱ミルクバー

오키나와메이지유업의 대표상품 '메이지 아카바코' 우유맛을 낸 아이스바. 진한 우유맛이 특징.

사각사각한 식감과 소박하고 부드러운 추억의 맛. 롱셀러 우유맛 막대아이스크림.

정보럭키카드

현지 기업과의 콜라보레이션도!

오키나와의 대표과자 '원조 오카시 고텐 아카이모(자색고구마) 타르트' 와 '아리카키 친스코'와의 콜라보레이션 아이스크림을 비롯해 매력적인 라인업이 가득!

1·2·3 소프트콘

옛날에 먹던 맛의 소프트아이스크림 타입의 콘아이스크림 '1·2·3 소프트콘'에는 아이스크림을 공짜로 1개, 2개, 3개 더 먹을 수 있는 점보럭키카드가 들어 있어 아이들에게 인기다.

'시로쿠마(백곰)'라는 애칭으로 사랑받는 롱셀러 아이스크림 샌드위치

폴라베어 바닐라ボーラベアー バニラ

바닐라 아이스크림을 촉촉한 식감의 코코아 비스킷으로 샌드한 폴라베어는 블루실의 대명사라 할 수 있는 롱셀러다.

디자인이 바뀌어도 두 마리 북극곰은 건재하다

1962년

(위) 출시 초기 포장. 1990년대까지 은박지 포장으로 판매했다. 애칭인 시로쿠마(백곰)는 포장지에 인쇄된 북극곰에서 유래했다.

2013년

2017년

1994년

2020년

"미국에서 태어나 오키나와에서 자란" '포모스트 블루실'. 1948년, 미국에 본사를 둔 포모스트사가 주둔 미군 관계자에게 유제품을 공급하기 위해 미군기지 내에 우유 공장을 건설하고 동시에 아이스크림 제조를 시작했다. 1963년에는 미군기지를 떠나 우라소에에 직영점 'BigDip 마키미나토점'을 개점했다. 여기서부터 '오키나와 아이스크림'으로서 역사가 시작된다. 고온다습한 오키나와의 기후에 맞춰 야자유를 사용했다. 상큼한 맛은 현지인은 물론 관광객들에게도 사랑받으며 '오키나와 아이스크림 하면 블루실'이라는 확고한 브랜드를 확립했다.

1980년대 카탈로그와 당시 매장 외관

맛과 모양이 정말 다양하다! 당시 일본에서는 아직은 흔치 않았던 초코민트맛도 있다. 카탈로그를 보는 것만으로도 가슴이 두근두근한다.

1980년대

2022년

우라소에시 국도 58호선에 있는 거대한 입체 아이스크림 네온사인. 이것이 블루실 마키미나토 본점의 상징이다.

매장 내부는 레트로하면서 경쾌한 미국 다이너 느낌의 공간. 블루실이 창업한 1960년대 당시 매장 분위기를 재현해놓았다.

폴라베어의 새로운 친구!

출시 60주년을 맞아 폴라베어가 리뉴얼되었다! 기본인 바닐라에 이어 '럭셔리 초콜릿'과 '행복의 치즈케이크'가 새롭게 등장. 북극곰의 진화는 계속된다!

폴라베어 럭셔리 초콜릿
(포라베아 제타쿠초코레토)
ポーラベアー贅沢チョコレート

폴라베어 행복의 치즈케이크
(포라베아 시후쿠노치즈케키)
ポーラベアー至福のチーズケーキ

143

이것이 바로 최강 조합!!

현지 음료 & 과자 × 아이스크림

최근 같은 지역의 기업이나 브랜드 간의 콜라보레이션이 활발하다. 오랫동안 사랑받아온 현지 음료나 과자의 맛을 아이스크림으로 재현! 각지에서 화제가 되어 현지 홍보에도 일조하고 있다.

일명 '레몬우유'는 이제 전국적으로도 인기가 높다!

도치기유업栃木乳業 × 후타바식품フタバ食品 　도치기

레몬우유컵　　　딸기우유컵

유음료 '간토 도치기 레몬'을 10% 사용한 아이스크림은 레몬의 향과 부드러운 단맛이 난다. 향수를 불러일으키는 소박한 맛이 매력적이다.

도치기의 '소울 드링크'를 구현한 레몬우유컵과 딸기우유컵. 둘 다 음료의 맛을 제대로 재현하고 있다.

미나미닛폰낙농협동조합南日本酪農協同 × 세리아 로일セリア・ロイル

미야자키　후쿠오카

규슈 지방에서 인기 있는 우유맛 탄산음료!

사랑의 스콜 아이스바
(아이노스코루 아이스바)
愛のスコールアイスバー

일본 최초의 우유맛 탄산음료 스콜의 상쾌한 맛을 막대아이스크림으로 재현! 미야자키와 후쿠오카 업체의 '규슈 콜라보레이션'.

히마와리유업ひまわり乳業 × 고치아이스高知アイス　고치

리플아이스リープルアイス

히마와리 커피아이스ひまわりコーヒーアイス

유산균음료 리플, 커피우유 히마와리커피. 히마와리유업의 현지음료가 아이스크림으로! 현내 업체들의 핫한 콜라보레이션.

144

초코바의 쫀득쫀득한 식감을
컵아이스크림으로 즐길 수 있다!

아이치

블랙선더 컵아이스
(부락쿠산다 캅푸아이스)
ブラックサンダーカップアイス

유라쿠제과 도요하시유메공장 직
영점에서 판매하고 있는 '블랙선더
컵아이스'. 공장까지 찾아와준 팬
들을 위해 개발된 한정상품이다.

도요하시유메공장과 도쿄도 고
다이라시 직영점, 그리고 이 제
품을 제조하는 도요하시 시내
의 양과자점 마터호른 본점 등
세 곳에서만 구입할 수 있는 레
어 아이템이다.

오사카

전망대 한정! 아베노하루카스

고치

미레 비스킷아이스
ミレービスケットアイス

파인아메소프트
パインアメソフト

2014년 아베노하루카스 전망대 개
업과 동시에 판매 개시. 새콤달콤한
파인아메 사탕맛 소프트아이스크
림 위에 으깬 파인아메 사탕을 토핑
으로 얹었다!

미레 비스킷아이스 딸기ミレービスケットアイスいちご

상큼한 바닐라 아이스크림 위에는 고치의 대표과자 '미레
비스킷'이 두 장 올려져 있다. "이런 방법이 있었구나!" 하는
생각이 들 정도로 대담한 발상.

黒岡アイスクリーム
昔ながらの手作りアイスクリームをどうぞ！

현지 하이브리드!

4부

현지 특산물과 콜라보레이션한 아이스크림

나가사키의 카스텔라, 야마나시의 신겐모치와 같은 지역명과, 나가노의 사과, 후쿠시마의 복숭아, 그리고 간장과 된장, 우동까지. 각지의 특산품이나 명물과 콜라보레이션한 아이스크림도 다양하다. 또한 후지산, 일본도, 철 등 관광명소나 지자체 등 지역과 콜라보레이션한 새로운 명물 아이스크림도 속속 탄생하고 있다. 여기서는 그 지역의 맛과 명물도 함께 즐길 수 있는, 그야말로 하이브리드라고 할 수 있는 아이스크림들을 소개한다!

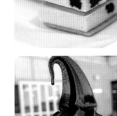

기쿄신겐모치의 맛을 그대로 살린 흑당시럽과 콩가루의 일본식 맛!

콩가루를 뿌린 떡 세 조각에 특제 흑당시럽을 뿌려 먹는 기쿄신겐모치. 이 야마나시현을 대표하는 명과가 아이스크림으로 변신! 소프트아이스크림 기쿄신겐 소프트+(플러스) 외에도 컵아이스크림인 '기쿄신겐모치 아이스'도 큰 인기다.

2005년부터 판매되고 있는 기쿄신겐 소프트+. 고소한 콩가루와 진한 흑당시럽이 듬뿍 들어간 소프트아이스크림에 막대 모양 과자 기쿄신겐봉을 더했다. 정말 먹음직스럽다.

기쿄신겐모치 아이스桔梗信玄餅アイス

콩가루맛 아이스크림에 흑당시럽과 기쿄신겐모치가 들어간 인기 컵아이스크림.

기쿄신겐모치를 증량한 프리미엄. 아이스크림 위에 떡이 듬뿍!

프리미엄

가염 팔

사쿠라

말차

일본 취향을 좋아한다면 다양한 맛을 즐길 수 있다!

148

나가사키다운 현지 아이스크림!
본격 카스텔라와 아이스크림

나가사키 카스텔라 아이스 長崎カステラアイス

뉴욕당ニューヨーク堂

나가사키시의 양과자점 뉴욕당에서는 2007년부터 나가사키 명물인 카스텔라를 사용한 '나가사키 카스텔라 아이스'를 판매하고 있다. 본고장 나가사키 카스텔라에 수제 아이스크림을 끼워넣은 일품이다. 아이스크림의 맛은 5가지가 있다.

카스텔라 반죽을 전통의 옛 방식으로 정성껏 구워낸 '나가사키 카스텔라'. 안에 들어 있는 아이스크림은 창업 당시 제조법으로 세대에 걸쳐 사랑받고 있는 현지 아이스크림이다.

(위) 현재 매장 외관. (아래) 1937년 창업 당시 뉴욕당 모습.

나가사키 카스텔라 생(나마)소프트
長崎カステラ生ソフト

카스텔라 두 장 사이에 소프트아이스크림을 넣고 수제 쿠키를 곁들였다. 아이스크림공장이 가동되는 시간에만 판매한다.

파이아이스
パイアイス

1965년 출시 당시부터 장인 한 명이 수작업으로 제작. 매장에서만 한정판매.

모양도 맛도 똑같다!
명과 맛을 아이스크림으로 재현!

롯카테이六花亭

홋카이도 기념품의 대표격인 롯카테이의 '마루세이 바타산도(버터샌드)'. 그 명과의 맛을 아이스크림으로 표현한 것이 '마루세이 아이스산도(아이스크림샌드)'다. 롯카테이 삿포로 오비히로 본점 등 일부 점포에서 한정판매.

아이스크림에 화이트초콜릿과 건포도를 넣고 비스킷 세 장으로 샌드했다. 매장에서 직접 샌드하기 때문에 비스킷도 바삭바삭하다!

마루세이 바타산도
マルセイバターサンド

여름철 한정! 아카후쿠의 시원한 맛
특제 팥과 떡이 들어간 빙수

아카후쿠고리赤福氷   미에

아카후쿠赤福

이세 명물 아카후쿠. 아카후쿠 직영점에서는 1961년부터 여름철 한정으로 아카후쿠고리를 판매하고 있다. 말차시럽을 끼얹은 푹신푹신한 빙수에 특제 팥과 떡이 들어간 여름의 시원한 맛이다.

아카후쿠모치
赤福餅

팥과 떡은 아카후쿠모치 그대로가 아니라 차가운 얼음에 잘 어울리도록 특별히 만든 것이다. 빙수 안에 팥과 떡이 따로 들어 있다.

이시쿠라만세이도의 특제 디저트 부드럽고 차가운 새로운 식감!

이시무라만세이도石村萬盛堂

하카타에서 100년 이상 사랑받고 있는 명과자 쓰루노코로 유명한 이시무라만세이도. 본점 한정으로 선보이는 쓰루노코노코는 갓 만든 생마시멜로에 바닐라 아이스크림이 들어간 새로운 식감의 디저트다.

쓰루노코는 아이스크림을 떡으로 감싼 유키미다이후쿠雪見だいふく에 영감을 준 상품이기도 하며, 2021년에는 기간한정으로 콜라보레이션도 했다!

안에 바닐라 아이스크림을 넣어 여름에 먹기 좋은 시원한 메뉴다. 방금 만들어서 그런지 폭신폭신하고 탱탱한 마시멜로의 식감도 즐겁다.

쓰루노코
鶴乃子

쭉쭉 늘어나는 규히가 특별한 맛 구마모토 명과 소프트아이스크림!

고바이안香梅庵

'오마레노 진다이코'는 신선한 홋카이도산 다이나곤 팥으로 앙금을 만들어 규히(찹쌀가루에 물과 설탕을 넣어 반죽한 떡)를 감싼 구마모토의 대표 명과. 2013년에 출시된 '진다이코 소프트'는 그 명과를 소프트아이스크림으로 만든 것이다!

진한 밀크아이스크림에 섞인 팥과 부드럽게 늘어나는 규히가 특별한 맛을 낸다. 구마모토성 고바이안(오른쪽) 외에 '오카시노 고바이(과자 고바이)お菓子の香梅' 일부 매장에서 판매.

오마레노 진다이코
誉の陣太鼓

사사단고 아이스笹だんごアイス
산에쓰푸드サンエツフーズ

통팥소를 넣은 아이스크림을 니가타산 대나무 잎으로 감싼 '사사단고 아이스'. 맛도 모양도 니가타의 향토과자 사사단고를 그대로 옮겨놓은 듯한 느낌이다. 차갑게 식은 대나무 잎을 들고 한 손으로 먹을 수 있다!

치바 누레센베이 아이스ぬれ煎餅アイス
조시전철銚子電鉄

'누레센베이(갓 구운 전병과자를 간장양념에 담근 것) 아이스'는 조시전철과 조시상업 고등학교의 지역 콜라보레이션 상품이다. 달콤한 아이스크림과 누레센베이의 고소하고 짭짤한 간장맛이 적절히 조화를 이룬다. 칩 형태의 누레센베이가 들어 있어 식감도 뛰어나다!

요메이리오이리 소프트嫁入りおいりソフト 가가와
나카노우동학교中野うどん学校

고급스러운 향과 단맛으로 유명한 '와산본 소프트和三盆ソフト'에 사누키 지방의 요메이리嫁入り 과자(신부가 축하해주는 이웃들에게 주는 선물 과자)인 오이리おいり(알록달록한 구슬같이 생긴 찹쌀 과자)를 토핑했다. 곤피라궁을 방문하는 관광객들에게도 인기 있다.

알록달록하고 귀여운 오이리를 정성스럽게 토핑하면 보기에도 즐거운 소프트아이스크림이 완성된다!

시즈 오카 우나기파이 젤라토うなぎパイジェラート
슌카도春華堂

잘게 부순 파이와 아이스크림의 조합을 즐길 수 있는 '우나기(장어)파이 젤라토'. 토핑으로 얹은 파이를 합치면 우나기파이 한 개 분량이 사용된다. 슌카도 '우나기파이 팩토리'에서만 맛볼 수 있다.

우나기파이うなぎパイ

유산균이 함유된 상큼한 맛 몸에도 좋은 아이스크림!

발효식품 제조업체인 야스다요구르트에서는 2011년부터 '유산균 들어간 아이스'를 출시했다. 무지방 우유를 발효시켜 얼린 요구르트 타입의 아이스크림이다. 신선한 생우유를 사용하기 때문에 맛도 상큼하다!

부드럽고 가벼운 식감과 요구르트의 산뜻한 신맛이 상쾌하다. 저지방이어서 단것을 자제하는 사람이나 지방이 신경 쓰이는 사람에게도 인기다. 직영점이나 퀸즈 이세탄 등에서 구입할 수 있다.

공장부지 길 건너편에 위치한 'Y&Y GARDEN(와이와이가든)'. 푸른 정원도 있어 쇼핑과 식사를 여유롭게 즐길 수 있는 공간이다.

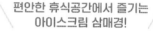

편안한 휴식공간에서 즐기는 아이스크림 삼매경!

건물 내 매장에서는 소프트아이스크림, 아이스크림, 요구르트선데이 등을 판매한다. 푸른 하늘 아래 정원의 테이블에서 먹는 아이스크림의 맛은 특별하다!

사과맛과 샤인머스캣맛
귀여운 용기에 담긴 과일 아이스크림

추코냉과中高冷菓

귀여운 용기에 담긴 사과 아이스크림 '신슈린고다마(신슈사과알)'. 나가노산 사과 농축과즙을 100% 사용한, 신슈를 대표하는 명물 아이스크림이다. 부드러운 식감과 진한 단맛을 다시 찾게 된다!

신슈샤인마스캇토(머스캣)다마
信州シャインマスカット玉

나가노산 샤인머스캣 과즙을 100% 사용한 고급스러운 아이스크림.

녹색은 샤인머스캣 이것도 맛있다!

1978년부터 료칸 등에 도매로 판매하던 추코린고다마中高りんご玉를 개량해 2016년에는 사과 용기는 그대로 두고 투명 포장에 담아 판매하고 있다.

통째 모기비와 과육 안에
비파 아이스크림을 샌드!

비와노미 아이스びわの実アイス

나가사키

뉴욕당ニューヨーク堂

2003년부터 발매된 '비와노미(비파열매) 아이스'는 나가사키 특산품인 모기비와(모기산 비파)를 통째로 사용한 고급스러운 아이스크림이다. 뉴욕당 본점에서만 판매하지만, 매장에 거의 진열되지 않는 '꿈의 아이스크림'이다.

꽁꽁 언 비파가 통째로!

바닐라 아이스크림에 모기비와를 섞어 넣었다. 과육이 딱딱하게 얼어붙어 있기 때문에 오렌지색 셔벗이 될 때까지 기다렸다가 먹어보자!

154

복숭아 농가 직영 카페에서 복숭아 젤라토를 맛보자!

라페스카 '모모' 젤라토 ラペスカ「桃」ジェラート

복숭아 농가 카페 라 페스카桃農家カフェ ラ・ペスカ

'복숭아 농가 카페 라 페스카'의 젤라토가게에서는 신선한 복숭아 젤라토를 마음껏 즐길 수 있다. 복숭아 품종별로 제조하기 때문에 한 시즌에 무려 30종류의 젤라토가 등장한다!

(위) 복숭아 젤라토는 과즙이 풍부하다. 진한 복숭아향이 퍼진다.

피치 주얼
(피치주에루)ピーチジュエル

(위) 시크한 카페 외관. (왼쪽) 생복숭아와 수제 복숭아 젤라토가 들어간 파르페 '피치 주얼Peach Jewel'은 너무도 고급스러운 맛!

시후쿠노모모 소르베至福の桃ソルベ

고리마치진흥공사桑折町振興公社

헌상 복숭아(황실에 헌상되는 복숭아)의 고장 고리마치산 복숭아 아카쓰키あかつき를 듬뿍 넣은 '시후쿠노모모(행복의 복숭아) 소르베'는 과즙률 75%, 무첨가. 은은한 복숭아향과 부드러운 식감이 특징이며, 복숭아를 좋아하는 사람이라면 누구나 만족할 만한 맛이다!

시콰사シークヮーサー

오키나와메이지유업沖縄明治乳業

오키나와의 대표적인 과일인 시콰사 맛의 막대아이스크림. 빙수 타입이라 사각사각한 식감을 즐길 수 있다. 상큼하고 부드러운 신맛도 '데~지(오키나와 사투리로 '아주'라는 뜻), 맛있어요!'라고 말할 수 있다. 포장도 산뜻하다.

옛날식 보리된장을 사용한 소스가 일품인 미소 소프트아이스크림!

창업 420년, 규슈에서 가장 오래된 미소(된장)·쇼유(간장) 제조 판매 회사 가니쇼유. 바닐라 소프트아이스크림에 미소 소스를 듬뿍 얹은 '미소 소프트크림'은 이곳에서만 맛볼 수 있는 일품이다!

우스키미소

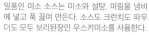

일품인 미소 소스는 미소와 설탕, 미림을 냄비에 넣고 푹 끓여 만든다. 소스도 크런치도 파우더도 모두 보리된장인 우스키미소를 사용한다.

향기로운 인기 쇼유를 사용한 풍미 가득한 쇼유 소프트!

가쓰오쇼유

1883년 창업한 후지진쇼유富士甚醤油에서는 안테나숍(현지 특산물 편집매장) 한정으로 '쇼유 소프트'를 판매한다. 겉보기에는 평범해 보이지만, 소프트아이스크림에 인기 있는 가쓰오쇼유가 들어 있다.

우스키의 핫초오지에 있는 안테나숍 후지야진베의 명물 소프트아이스크림. 가쓰오쇼유는 향이 좋아 보통 쇼유 소스로 사용된다.

쇼유 소프트크림しょうゆソフトクリーム **가가와**

마루킨쇼유マルキン醬油

쇼유 산지인 쇼도시마에 있는 '마루킨쇼유 기념관'에서는 '쇼유 소프트크림'을 판매한다. 천연 양조장의 나무통에 담근 '생'쇼유를 사용해 부드럽고 감칠맛이 난다.

오이타 **미소 소프트크림味噌ソフトクリーム**

고테가와상점小手川商店

오래된 미소·쇼유 양조업체인 훈도킨쇼유フンドーキン醬油가 운영하는 식당 고테가와상점(쇼텐)에서는 '미소 소프트크림'을 판매하고 있다. 누룩향이 나는 '이키테루미소(살아 있는 미소)'는 달콤한 맛의 혼합 미소로 훈도킨쇼유의 인기상품이다.

이키테루미소

즌다모치 파르페ずんだ餅パフェ **미야기**

기쿠스이안 즌다찻집喜久水庵ずんだ茶屋

도호쿠의 명물 즌다모치에, 즌다(녹색 콩을 갈아 만든 페이스트)의 콩알이 씹히는 식감을 즐길 수 있는 즌다모치 소프트아이스크림을 조합한 '즌다모치 파르페'. 소프트아이스크림은 말차맛으로도 선택할 수 있다. 기쿠스이안 각 본점에서는 메뉴를 여름철 한정으로 판매하고, '기쿠스이안 즌다찻집'에서는 테이크아웃(왼쪽)으로 연중 판매한다.

아오모리 **흑마늘 아이스**

(구로닌니쿠아이스)黑にんにくアイス

미치노에키 로쿠노헤道の駅ろくのへ

아오모리현 로쿠노헤마치에 있는 '미치노에키 로쿠노헤'. 이 역의 작업실에서 수작업으로 만들어지는 '흑마늘 아이스'는 현지에서 수확한 특산품인 흑마늘을 사용한다. 이곳에서만 맛볼 수 있는 아이스크림이다.

후지산 모양의 막대아이스크림! 산 정상의 눈 덮인 부분은 우유맛, 푸른색 부분은 상큼한 소다맛으로 되어 있다. 포장도 재미있는 후지산 파노라마 로프웨이 한정상품이다.

후지야마 아이스캔디 フジヤマアイスキャンデー

야마나시

가와구치코 후지산 파노라마 로프웨이
河口湖 富士山パノラマロープウェイ

후지산 소프트크림 富士山ソフトクリーム

시즈오카

카페 드 네스트 cafe de NEST
(EXPASA 후지카와 상행선 내)

후지산을 형상화한 임팩트 있는 소프트아이스크림으로, 하얀색 윗부분은 우유맛, 파란색 아랫부분은 라무네(소다맛 탄산음료)맛이다. 단나분지에서 만든 단나우유를 사용한 소프트아이스크림은 부드럽고 신선한 맛이 일품!

니가타

쓰바메산조 철(테쓰) 아이스 燕三条鉄アイス

플러스와이즈 プラスワイズ

'쓰바메산조 철 아이스'는 철이 들어 있는 충격적인 컵아이스크림이다! 쓰바메산조 지역 철물공장의 철 느낌이 나는 회색 우유 베이스의 아이스크림에 식용 철가루가 들어 있어 살짝 철의 맛을 느낄 수 있다.

쓰바메산조에서 만든 아이스크림 전용 알루미늄 숟가락. 열전도가 좋아 딱딱한 아이스크림도 쉽게 먹을 수 있다!

일본도의 고향에서 탄생!
깔끔한 맛이 일품인 맛있는 칼?

본격적으로 일본도를 형상화한 '일본도 아이스'는 칼의 고장 세키시에서 탄생한 일본식 아이스크림이다. 현지 도검 장인의 감수를 받아 전통 화과자가게가 만든 이 아이스크림은 보기에도 즐겁고 맛도 좋다!

아름다운 곡선을 그리는 칼날. 하지만 잘리지 않아 '인연이 이어진다'라고 한다! 현지 세키시의 세키젠코지 절에서 좋은 인연을 기원했으니, 기대해봐도 좋을 것 같다!

맛에 따라 색이 다른 아이스크림 칼날에 쿠키로 된 날밑! 손잡이는 먹을 수 없지만, 아름다운 무늬가 있다.

후쿠오카 지쿠호 지역 한정 판매
탄광촌의 현지 소프트아이스크림!

새까만 소프트아이스크림 '석탄 소프트'는 〈단코부시炭坑節〉(탄광지대 노동자들이 부르던 민요)의 발상지로 알려진 다가와시에서 탄생했다. 초콜릿을 베이스로 몸에 좋은 대나무 숯을 섞어넣었다. 지쿠호 지역의 미치노에키 등에서 판매한다.

추억의 자판기 우동 국물!?
명물 우동의 맛을 부드럽게

아키타항 세리온의 우동소바 자판기와, '바바헤라 아이스'의 신도냉과와의 콜라보레이션으로 탄생. 자판기와 같은 면육수를 사용한 쓰유맛은 왠지 정겹고 달콤하다.

우동가락처럼 감긴 소프트아이스크림에 튀김을 연상시키는 에비센(새우과자)과 덴카스(튀김 부스러기), 취향에 따라 시치미(고추가루로 만든 향신료)도 토핑! '미치노에키 아키타항'에서만 맛볼 수 있는 맛이다.

무려 파 토핑!?
우동의 고장 현지 소프트아이스크림!

우동의 고장 가가와현의 소울푸드 가마타마우동을 모티브로 한 '가마타마 소프트'는 2009년 출시 이후 쇼유마메혼포 오모테산도점의 한정 소프트아이스크림 콘으로 큰 인기를 끌고 있다!

우동처럼 보이는 소프트아이스크림에는 진짜 다진 파가 뿌려져 있고, 쇼유까지 살짝 뿌려져 있다. 깔끔한 단맛과 파, 쇼유가 묘한 조화를 이룬다!

묘반온천에 새로운 명물이 탄생!?
달콤쌉싸름한 푸딩 맛이 난다!

전통 온천 료칸 오카모토야의 간판상품인 '지옥찜 푸딩'은 쓴맛이 나는 캐러멜과 진한 맛이 일품이다. 그 인기 푸딩이 소프트아이스크림이 되었다. 쌉쌀한 푸딩 맛이 중독성 있다!

'지옥찜 푸딩'을 듬뿍 넣은 소프트아이스크림은 정말 부드럽다. 묘반온천의 오카모토야 매점에서만 맛볼 수 있는 명물 소프트아이스크림이다.

소프트아이스크림과 푸딩의 협연!
맛은 둘 다 주연급

묘반온천에 있는 모모타로에서는 소프트아이스크림과 푸딩을 함께 즐길 수 있는 '유아가리(목욕을 끝내고 나옴) 소프트'를 판매한다. 용기 아래에는 직접 고른 푸딩, 중간에는 콘플레이크, 위에는 소프트아이스크림이 들어 있는 호화로운 디저트다.

이 가게는 당일치기 온천 시설 유야에비스 안에 있으며, 온천의 증기로 푸딩을 정성스럽게 쪄낸다. 여러 종류의 푸딩 중에서 원하는 맛을 고를 수 있는 것도 장점이다.

아이스크림가게 리스트

이 책에서 소개한 아이스크림을 파는 가게들을 도도부현별로 정리했습니다. 현지 슈퍼마켓이나 편의점 등에서 쉽게 구입할 수 있는 아이스크림은 제외했습니다. (지역과 가게 이름은 가나다순)

	가게 이름	소개한 아이스크림(쪽수)	구글맵 검색어	아이스크림을 살 수 있는 곳
가가와香川	마루킨쇼유 マルキン醬油	쇼유 소프트크림(157)	마루킨 간장 박물관	香川県小豆郡小豆島町苗羽甲1850 1850 Nomako, Shodoshima, Shozu District, Kagawa
	쇼유마메혼포 오모테산도점 しょうゆ豆本舗表参道店	가마타마 소프트(160)	곤피라 쇼유 마메혼포	香川県仲多度郡琴平町811 811 Kotohira, Nakatado District, Kagawa
가고시마鹿児島	가노조노이에 彼女の家	기구마(13)	Kanojonoie	鹿児島県鹿児島市中町6-13, 2F 2F, 6-13 Nakamachi, Kagoshima
	덴몬칸무쟈키 天文館むじゃき	시로쿠마(10)	덴몬칸 무쟈키	鹿児島県鹿児島市千日町5-8 5-8 Sennichicho, Kagoshima
	파티스리 야나기무라 パティスリーヤナギムラ	야나기무라의 프로즌 시로쿠마(13)	Patisuriyanagimura Takeoka Honten	鹿児島県鹿児島市武岡1丁目19-3, 1F 1F, 1chome-19-3, Takeoka, Kagoshima
고치高知	고치아이스 高知アイス	담백한 아이스쿠린, 아이스쿠린 모나카(47)	Kochi Ice Cafe	高知県吾川郡いの町柳瀬上分807-1 807-1 Yananosekamibun, Ino, Agawa District, Kochi
	1×1=1	아이스쿠린(44)	1kakeru1	高知県高知市南はりまや町2丁目3-12 2 Chome-3-12 Minamiharimayacho, Kochi
교토京都	구로오카 아이스크림 黒岡アイスクリーム	모나카, 컵아이스크림(103)	Kurooka Ice Cream	京都府宮津市須津733-10 733-10 Suzu, Miyazu, Kyoto
	다이자 아이스캔디 間人アイスキャンデー	가니모나카(101)	Taiza Ice Candy	京都府京丹後市丹後町間人1856-1 1856-1 Tangocho Taiza, Kyotango, Kyoto
구마모토熊本	고바이안 香梅庵	진다이코 소프트(151)	Kobaian	熊本県熊本市中央区二の丸1-1-2 1-1-2 Ninomaru, Chuo Ward, Kumamoto
	고토부키카이칸 寿会館	밀크, 아즈키 아이스캔디(100)		熊本県菊池市隈府245 245 Waifu, Kikuchi, Kumamoto
	곤도세이아메혼포 近藤製飴本舗	숙성얼음 시로쿠마(17)	Kondoseiamehonpo	熊本県熊本市中央区春竹町54番地 54 Harutakemachi Oaza Harutake, Chuo Ward, Kumamoto
군마群馬	시로후지 シロフジ	아이스만주(24)	Shirofuji bakery	群馬県桐生市相生町1丁目298-9 1 Chome-298-9 Aioicho, Kiryu, Gunma
기후岐阜	가타나카지 세키토라야 刀菓治 関市虎屋	일본도 아이스(159)	Seki Toraya	岐阜県関市本町7-25 関市虎屋 Seki Toraya, 7-chome-25 Honmachi, Seki, Gifu
	스이교쿠엔 すいぎょく園	그린소프트, 그린소프트 파르페(38)	Suigyokuen	岐阜県大垣市桐ヶ崎町31 31 Kirigasakicho, Ogaki, Gifu

	가게·제조업체명	소개한 아이스크림(쪽수)	구글맵 검색어	아이스크림을 살 수 있는 곳
나가사키 長崎	깃사 세빌리아 喫茶セヴィリヤ	밀크셰이크(54)	Coffee Sevilla Nagasaki	長崎県長崎市魚の町3-19 3-19 Uonomachi, Nagasaki
	뉴욕당 ニューヨーク堂	나가사키 카스텔라 아이스(149), 비와 노미 아이스(154)	New York do	長崎県長崎市古川町3-17 3-17 Furukawamachi, Nagasaki
	도핫센 銅八銭	밀크셰이크(55)	Cafe-4892	長崎県長崎市上町6-7 6-7 Uwamachi, Nagasaki
	마이코노헤야 麻依子の部屋	계절 밀크셰이크 (55)		長崎県長崎市浜町2-33 2-33 Hamamachi, Nagasaki
	시라미즈 志らみず	떠먹는 밀크셰이크 (54)		長崎県長崎市油屋町1-3 1-3 Aburayamachi, Nagasaki
	쓰루찬 ツル茶ん	원조 나가사키식 밀 크셰이크, 다이쇼 아이스크림(50)	츠루찬	長崎県長崎市油屋町2-47 2-47 Aburayamachi, Nagasaki
	오코노미야키 마쓰다 お好み焼マツダ	12단 소프트크림 (107)		長崎県長崎市城山町25-6 25-6 Shiroyamamachi, Nagasaki
	카페 & 바 우미노 Cafe & Bar ウミノ	떠먹는 밀크셰이크 (55)	Cafe & Bar Umino	長崎県長崎市尾上町1-1 アミュプラザ長崎 5F 5F, 1-1 Onouemachi, Nagasaki
	커피후지오 珈琲冨士男	밀크셰이크(53)	Fujio	長崎県長崎市鍛冶屋町2-12 2-12 Kajiyamachi, Nagasaki
	포로토 총본점 ぽると総本舗	밀크셰이크(52)		長崎県佐世保市本島町4-19 4-19 Motoshimacho, Sasebo, Nagasaki
나라 奈良	우에무라목장 植村牧場	소프트크림, 아이스 모나카(122)	Uemura Farm	奈良県奈良市般若寺町168 168 Hannyajicho, Nara
니가타 新潟	가와니시야 川西屋	삼색 막대아이스크 림(83)		新潟県長岡市神田町1丁目2-29 1 Chome-2-29 Kandamachi, Nagaoka, Niigata
	야스다요구르트 Y&Y GARDEN ヤスダヨーグルト	유산균 들어간 아이 스(153)	Y&Y GARDEN	新潟県阿賀野市保田733-1 733-1 Yasuda, Agano, Niigata
	타니신 谷信菓子店	시로아이스(81)		新潟県見附市新町1丁目7-7 1 Chome-7-7 Shinmachi, Mitsuke, Niigata
도야마 富山	다카노모나카야 高野もなか屋	모나카아이스(32)		富山県富山市八尾町石戸872-2 872-2 Yatsuomachi Sekido, Toyama
	야마카와이모야 본점 山川いもや本店	아이스모나카(33)		富山県富山市泉町2丁目7-3 2 Chome-7-3 Izumicho, Toyama
	히라노야 平野屋	아이스모나카(33)	Hiranoya Ice Cream	富山県富山市一番町5-1 5-1 Ichibanmachi, Toyama

	가게·제조업체명	소개한 아이스크림(쪽수)	구글맵 검색어	아이스크림을 살 수 있는 곳
미야기 宮城	기쿠스이안 즌다챗집 喜久水庵ずんだ茶屋	즌다모치 파르페 (157)		宮城県仙台市青葉区南吉成2丁目17-1 2 Chome-17-1 Minamiyoshinari, Aoba Ward, Sendai, Miyagi
미야자키 宮崎	나카쓰야 なかつや	아이스모나카(108)	Nakatsuya Miyazaki	宮崎県日南市星倉1丁目1-1 1 Chome- 1-1 Hoshikura, Nichinan, Miyazaki
	하쿠스이샤 유메미루쿠 白水舎 夢みるく	소프트아이스크림 (123)		宮崎県宮崎市宮崎駅東3丁目2-15 3 Chome-2-15 Miyazakiekihigashi, Miyazaki
미에 三重	나카노제병점 中野製餅店	아이스만주(23)		三重県鈴鹿市西条4丁目22 4 Chome-22 Nishijo, Suzuka, Mie
	마루만 マルマン	아이스만주(22)	Maruman Ice Cream	三重県桑名市京町33 33 Kyomachi, Kuwana, Mie
	스에히로 寿恵広	아이스만주(18)	Suehiro Mie	三重県桑名市三ツ矢橋11 11 Mitsuyabashi, Kuwana, Mie
	신에이도 新栄堂	아이스만주(20)	Shineido	三重県桑名市新矢田2丁目41 2 Chome-41 Shinyada, Kuwana, Mie (5월 중순~9월 말 영업)
	아카후쿠 赤福	아카후쿠고리(150)	아카후쿠 본점	三重県伊勢市宇治中之切町26 26 Ujinakanokiricho, Ise, Mie
사가 佐賀	야오키 八起	막대아이스크림 (105)		佐賀県鳥栖市京町792-36 792-36 Kyomachi, Tosu, Saga
시가 滋賀	미야오엔 みやおえん	그린소프트(43)	Miyaoen	滋賀県彦根市京町3丁目3-20 3 Chome-3-20 Kyomachi, Hikone, Shiga
	미치노에키 아이노 쓰치야마 道の駅 あいの土山	말차 소프트아이스 크림(106)	Road station Aino Tsuchiyama	滋賀県甲賀市土山町北土山2900 2900 Tsuchiyamacho, Kitatsuchiyama, Koka, Shiga
	차신 茶しん	그린소프트(42)	Chashin	滋賀県長浜市元浜町4-10 4-10 Motohamacho, Nagahama, Shiga
시즈오카 静岡	슌카도 우나기파이 팩토리 春華堂 うなぎパイファクトリー	우나기파이 젤라토 (152)	Shunkado Honten	静岡県浜松市西区大久保町748-51 748-51 Okubocho, Nishi Ward, Hamamatsu, Shizuoka
	스위트하우스 와카바 スイートハウスわかば	소프트아이스크림 (74)	Wakaba	静岡県伊東市中央町6-4 6-4 Chuocho, Ito, Shizuoka
	이즈카제과 飯塚製菓	바나나, 귤, 봉봉 아이스크림(82)		静岡県静岡市葵区新通1丁目10-2 スクウェアー·コート 1 Chome-10-2 Shintori, Aoi Ward, Shizuoka
	카페 드 네스트 cafe de NEST	후지산 소프트크림 (158)	cafe de NEST	静岡県富士市岩淵1500 1500 Iwabuchi, Fuji, Shizuoka

가게·제조업체명	소개한 아이스크림(쪽수)	구글맵 검색어	아이스크림을 살 수 있는 곳
아오모리静岡 미치노에키 로쿠노헤 道の駅ろくのへ	흑마늘 아이스(157)	Michinoeki Rokunohe	青森県上北郡六戸町犬落瀬後田87-87 Ushiroda-87-87 Inuotose, Rokunohe, Kamikita District, Aomori
오사나이냉과점 小山内冷菓店	점보아이스(48), 수제 막대아이스크림(72)	Osanai Ice Cream Shop	青森県弘前市駒越村元41-1 Muramoto-41-1 Komagoshi, Hirosaki, Aomori
소마 아이스크림가게 相馬アイスクリーム店	점보아이스(48), 아즈키 캔디, 연유셰이크, 냉동소프트(77)	Soma Ice Cream Shop Japan	青森県弘前市悪戸鳴瀬136-1 Naruse-136-1 Akudo, Hirosaki, Aomori
스토냉과 須藤冷菓	점보아이스(48), 아이스캔디(86)	Suto Frozen Dessert Shop (Sutokyan)	青森県黒石市大町2丁目121 2 Chome-121 Omachi, Kuroishi, Aomori
후지타아이스 藤田アイス	점보아이스(48)		青森県弘前市紺屋町176 176 Konyamachi, Hirosaki, Aomori
아이치愛知 유라쿠제과 도요하시유메공장 직영점 有楽製菓 豊橋夢工場直営店	블랙선더 컵아이스(145)		愛知県豊橋市原町蔵社88 88 Zousha, Hara-cho, Toyohashi-shi, Aichi
후큐엔 不朽園	아이스크림모나카(32)	Fukyuen	愛知県名古屋市中川区尾頭橋3丁目4-8 3 Chome-4-8 Otobashi, Nakagawa Ward, Nagoya, Aichi
아키타秋田 고에이도 広栄堂	나마구소(86)	Koeido	秋田県秋田市南通みその町6-21 6-21 Minamidorimisonomachi, Akita
미치노에키 후타쓰이 道の駅ふたつい	잣푸, 이부리갓코 소프트(78)	Roadside station Futatsui	秋田県能代市二ツ井町小繋泉51 51 Izumi, Futatsuimachi, Kotsunagi, Noshiro, Akita
아키타항 세리온 秋田港セリオン	우동소바 자판기 쓰유맛 소프트(160)	아키타코 미치노에키	秋田県秋田市土崎港西1丁目9-1 1 Chome-9-1 Tsuchizakiminatonishi, Akita
야마가타山形 마쓰시마야 松島屋菓子店	쿨스타(79)	Matsushimaya Bakery	山形県米沢市松が岬2丁目3-48 2 Chome-3-48 Matsugasaki, Yonezawa, Yamagata
야마나시山梨 가와구치코 후지산파노라마 로프웨이 河口湖 富士山パノラマロープウェイ	후지야마 아이스캔디(158)	Mt. Fuji Panoramic Ropeway	山梨県南都留郡富士河口湖町浅川1163-1 1163-1 Azagawa, Fujikawaguchiko, Minamitsuru District, Yamanashi
기쿄야 桔梗屋	기쿄신겐 소프트, 기쿄신겐모치 아이스(148)	Kikyoya Kofuhonkan	山梨県甲府市青沼1丁目3-11 1 Chome-3-11 Aonuma, Kofu, Yamanashi
복숭아 농가 카페 라 페스카 桃農家カフェ ラ·ペスカ	라페스카 '모모' 젤라토, 피치 주얼(155)	Peach Specialty Cafe La Pesca	山梨県山梨市正徳寺1131-1 1131-1 Shotokuji, Yamanashi
오사카大阪 가도야 角屋	소프트모나카(28)		大阪府大阪市旭区森小路2丁目8-22 2 Chome-8-22 Morishoji, Asahi Ward, Osaka
북극 北極	수제 막대아이스크림(98)	홋쿄쿠노아이스데	大阪府大阪市中央区難波3丁目8-22 3 Chome-8-22 Nanba, Chuo Ward, Osaka
세키메냉과 関目冷菓	아이스모나카(29)		大阪府大阪市城東区関目5丁目16-32 安野歯科医院 5 Chome-16-32 Sekime, Joto Ward, Osaka
요도가와카도야 淀川カドヤ	아이스모나카(28)		大阪府大阪市淀川区東三国1丁目19-4 1 Chome-19-4 Higashimikuni, Yodogawa Ward, Osaka

	가게·제조업체명	소개한 아이스크림(쪽수)	구글맵 검색어	아이스크림을 살 수 있는 곳
오사카 大阪	원조아이스도그 元祖アイスドッグ	아이스도그, 소프트 아이스크림(107)	아이스도그	大阪府大阪市中央区西心斎橋1丁目7-11 橋本ビル 1階 1F, 1 Chome-7-11 Nishishinsaibashi, Chuo Ward, Osaka
	제로쿠 혼마치점 ゼー六 本町店	아이스모나카, 스트로베리 모나카, 커피 모나카(26)	Zeroku Hommachi	大阪府大阪市中央区本町1丁目3-22 1 Chome-3-22 Honmachi, Chuo Ward, Osaka
	제로쿠 히가시오사카점 ゼー六 東大阪店	아이스모나카(27)		大阪府東大阪市永和1丁目6-10 1 Chome-6-10 Eiwa, Higashiosaka, Osaka
오이타 大分	가니쇼유 カニ醤油	미소 소프트크림(156)	Kani Shoyu	大分県臼杵市臼杵218番地 218 Usuki, Usuki, Oita
	고테가와상점 小手川商店	미소 소프트크림(157)		大分県臼杵市浜町1 1 Hamamachi, Usuki, Oita
	구주코엔카보 이즈미야 久住高原薬房 いずみや	흑임자 소프트, 손반죽 소프트크림(110)	Kujukogenkabo	大分県竹田市久住町大字久住4048-15 4048-15 Kujumachi Oaza Kuju, Taketa, Oita
	모리카와호코쿠도 森川豊国堂	아이스캔디, 떠먹는 밀크셰이크 컵(104)	모리카와호우코쿠도우	大分県豊後高田市新町910-1 910-1 Shinmachi, Bungotakada, Oita
	오카모토야 매점 岡本屋売店	지옥찜 푸딩 소프트(161)	오카모토야 지옥찜 푸딩	大分県別府市明礬3組 3 Myoban, Beppu, Oita
	후지야진베 富士屋甚兵衛	쇼유 소프트(156)	Fujijin	大分県臼杵市大字臼杵本町4 4 Usuki Honmachi, Usuki, Oita
	카페&스위트 모모타로 Cafe&Sweet 桃たろう	유아가리 소프트(161)		大分県別府市明礬4 4 Myoban, Beppu, Oita
오키나와 沖縄	고메하치소바 米八そば	흑당 보리 젠자이(60)	Komehachi Soba	沖縄県沖縄市泡瀬5丁目29-6 5 Chome-29-6 Awase, Okinawa
	센니치 千日	아이스젠자이(58)	세니치	沖縄県那覇市久米1丁目7-14 1 Chome-7-14 Kume, Naha, Okinawa
	쓰루카메도젠자이 鶴亀堂ぜんざい	퍼플 다이너마이트(60)	Tsurukamedo Zenzai(Shaved Ice)	沖縄県中頭郡読谷村座喜味248-1 248-1 Zakimi, Yomitan, Nakagami District, Okinawa
	아라가키젠자이야 新垣ぜんざい屋	고리젠자이(59)	아라가키 젠자이야	沖縄県国頭郡本部町渡久地11-2 11-2 Toguchi, Motobu, Kunigami District, Okinawa
	아이스쿠린 카페 아크 アイスクリンカフェアーク	과일 토핑 아이스크린, 파르페(111)	Ark Cafe Okinawa	沖縄県国頭郡本部町浜元950-1 950-1 Hamamoto, Motobu, Kunigami District, Okinawa
	옷파유업 おっぱ乳業	옷파 우유 젤라토(122)		沖縄県名護市許田17-1 17-1 Kyoda, Nago, Okinawa
	우에하라젠자이 上原ぜんざい	젠자이(59)	Uehara Zenzai	沖縄県沖縄市諸見里2丁目2-2 2 Chome-2-2 Moromizato, Okinawa
	이나미네 いなみね	시로쿠마(17), 크림 젠자이(58)	Inamine Itoman	沖縄県糸満市糸満1486-3 1486-3 Itoman, Okinawa
	후지야 富士家	후지야 젠자이(61)	Fujiya Tomari Main Branch	沖縄県那覇市泊2丁目10-9 月桃荘 2 Chome-10-9, Tomari, Naha, Okinawa
	히가시식당 ひがし食堂	밀크젠자이(56)		沖縄県名護市大東2丁目7-1 2 Chome-7-1 Ohigashi, Nago, Okinawa

	가게·제조업체명	소개한 아이스크림(쪽수)	구글맵 검색어	아이스크림을 살 수 있는 곳
와카야마 和歌山	교쿠린엔 玉林園	호지차 소프트, 그린소프트(40)	Gyokurinen GreenCorner Main Store	和歌山県和歌山市出島48-1 48-1 Dejima, Wakayama
이와테 岩手県	마루칸빌딩 대식당 マルカンビル大食堂	소프트크림(75)	Marukan restaurant	岩手県花巻市上町6-2 6-2 Kamicho, Hanamaki, Iwate
홋카이도 北海道	라 레토리 나카시베쓰 ラ·レトリなかしべつ	소프트아이스크림(94)		北海道標津郡中標津町北中9番17 9 -17 Kitanaka, Nakashibetsu, Shibetsu District, Hokkaido
	롯카테이 六花亭	마루세이 아이스산도(150)	Rokkatei	北海道帯広市西2条南9丁目6 9 Chome-6 Nishi 2 Jominami, Obihiro, Hokkaido
	룸베이커리 ルームベーカリー	빵과 소프트아이스크림(95)	Room Bakery	北海道釧路郡釧路町東陽大通西3丁目2番7 3 Chome-2-7 Toyoodorinishi, Kushiro, Kushiro District, Hokkaido
	바람목장 風牧場	소프트아이스크림(94)	Kaze-farm	北海道川上郡標茶町字熊牛原野10線東5-9 5-9 Higashi Kumanshiharano 10 Line, Shibecha, Kawakami District, Hokkaido
	아이스크림 파라 미소노 アイスクリームパーラー美園	각종 아이스크림과 파르페, 다이쇼 낭만 아이스모나카, 오타루 운하가 사랑하는 모나카(76)	Misono Ice Cream	北海道小樽市稲穂2丁目12-15 2 Chome-12-15 Inaho, Otaru, Hokkaido
	오차드그라스 オーチャードグラス	소프트아이스크림(93)	Restaurant Orchard glass Hokkaido	北海道川上郡弟子屈町川湯駅前1丁目1 川湯温泉駅舎内 1 Chome-1 Kawayu Ekimae, Teshikaga, Kawakami District, Hokkaido
	치즈공방 시라누카 라쿠케이샤 チーズ工房 白糠酪恵舎	치즈 소프트크림(95)	Rakukeisya	北海道白糠郡白糠町茶路東1線116番地11 116-11, Higashi 1 Line, Charo, Shiranuka, Shiranuka District, Hokkaido
	하치쿄 はちきょう	소프트아이스크림(87)	Hachikyo	北海道札幌市中央区南3条西3丁目5-2 都ビル 3 Chome-5-2, 3 Jonishi Minami, Chuo Ward, Sapporo, Hokkaido
효고 兵庫県	고바야시찻집 こばやし茶店	그린소프트(43)		兵庫県姫路市二階町66 66 Nikaimachi, Himeji-shi, Hyogo
	모치야 오니시 餅屋 大西	오니시의 아이스캔디(102)		兵庫県神戸市長田区長田町1丁目3-1 1 Chome-3-1 Nagatacho, Nagata Ward, Kobe, Hyogo
	사리타 坂利太	아라고스타 소프트크림(109)	Pastry Salita	兵庫県赤穂市坂越2083 2083 Sakoshi, Ako, Hyogo
	스즈키상점 鈴木商店	아이스캔디, 소프트크림(108)	Suzuki ice cream	兵庫県神戸市東灘区田中町3丁目1-1 3 Chome-1-1 Tanakacho, Higashinada Ward, Kobe, Hyogo
후쿠시마 福島	노무라야 野村屋	수제 아이스캔디(84)		福島県白河市中町69 69 Nakamachi, Shirakawa, Fukushima
	레스토랑 시키 レストラン志木	아이스버거(65)		福島県田村郡小野町谷津作谷津79-5 Yazu-79-5 Yatsuzaku, Ono, Tamura District, Fukushima
	마루추 스토어 丸忠ストア	아이스버거(64)		福島県田村郡小野町小野新町前久保122-7 Maekubo-122-7 Ononiimachi, Ono, Tamura District, Fukushima
	마쓰바야 まつばや	각종 아이스크림(85)		福島県白河市大手町7-4 7-4 Otemachi, Shirakawa, Fukushima

	가게·제조업체명	소개한 아이스크림(쪽수)	구글맵 검색어	아이스크림을 살 수 있는 곳
후쿠시마 福島	세후리 쇼게쓰도 シェフリー松月堂	아이스버거(63)		福島県田村郡小野町小野新町中通20-8 Nakadori-20-8 Ononiimachi, Ono, Tamura District, Fukushima
	아이즈추오유업 아이스목장 会津中央乳業 アイス牧場	커피 특급 소프트크림, 베코노치치 소프트크림(119)	Aizumilk	福島県河沼郡会津坂下町金上辰巳19-1 Tatsumi-19-1 Kanagami, Aizubange, Kawanuma District, Fukushima
	커피구루메 珈琲グルメ	소프트아이스크림, 커피 바바루아(80)	Coffee Gourmet	福島県福島市栄町7-33 錦ビル 2F 2F, 7-33 Sakaemachi, Fukushima
후쿠오카 福岡	바니즈 バニーズ	석탄 소프트(159)		福岡県田川郡糸田町162-4 162-4, Itoda, Tagawa District, Fukuoka
	세후리고카야마 아이스캔디 脊振五ケ山アイスキャンデー	막대아이스크림 (105)		福岡県筑紫郡那珂川市市ノ瀬616-1 616-1 Ichinose, Nakagawa, Chikushi District, Fukuoka
	이시무라만세이도 石村萬盛堂	쓰루노코노코(151)	이시무라 만세이도 본점	福岡県福岡市博多区須崎町2-1 2-1 Susakimachi, Hakata Ward, Fukuoka
히로시마 広島	가라사와 からさわ	아이스모나카, 콘 아이스 더블(31)	Karasawa	広島県広島市中区八丁堀3-10 3-10 Hatchobori, Naka Ward, Hiroshima
	도모에야 巴屋	아이스모나카(30)	Tomoeya Katayama	広島県呉市西中央5丁目13-10 5 Chome-13-10 Nishichuo, Kure, Hiroshima
	폴라베어 ポーラーベア	젤라토(109)	Polar Bear hiroshima	더 아울렛 히로시마: 広島県広島市佐伯区石内東4丁目1-1 THE OUTLETS HIROSHIMA 1F 1050区画 THE OUTLETS HIROSHIMA, 1F, 1050, 4-1-1 Ishiuchihigashi, Saeki Ward, Hiroshima 이온몰 히로시마 후추: 広島県安芸郡府中町大須2丁目1-1 イオンモール広島府中1階 Aeonmall Hiroshima, Fuchu, 1F, 2 Chome-1-1 Osu, Fuchu, Aki District, Hiroshima